湘东北虎形山

钨多金属矿床成矿作用与找矿预测研究

徐军伟　赖健清　何红生
陈飞剑　文春华　李　斌 ◎ 著

Research on Metallogenesis and Prospecting Prediction
of the Huxingshan Tungsten Polymetallic Deposit
in the Northeastern of Hunan Province

中南大学出版社
www.csupress.com.cn
·长沙·

图书在版编目(CIP)数据

湘东北虎形山钨多金属矿床成矿作用与找矿预测研究 /
徐军伟等著. —长沙:中南大学出版社,2022.12
　　ISBN 978-7-5487-4794-9

Ⅰ.①湘… Ⅱ.①徐… Ⅲ.①钨矿床—多金属矿床—成
矿作用—研究—湖南②钨矿床—多金属矿床—找矿—研究—
湖南 Ⅳ.①P618.67

中国版本图书馆 CIP 数据核字(2022)第 016904 号

湘东北虎形山钨多金属矿床成矿作用与找矿预测研究

XIANGDONGBEI HUXINGSHAN WUDUOJINSHU KUANGCHUANG
CHENGKUANG ZUOYONG YU ZHAOKUANG YUCE YANJIU

徐军伟　赖健清　何红生
　　　　　　　　　　　　　　著
陈飞剑　文春华　李 斌

□出 版 人	吴湘华
□责任编辑	刘锦伟
□责任印制	唐 曦
□出版发行	中南大学出版社
	社址:长沙市麓山南路　　　　邮编:410083
	发行科电话:0731-88876770　传真:0731-88710482
□印　　装	湖南省众鑫印务有限公司

□开　　本	710 mm×1000 mm 1/16		□印张 12.25		□字数 219 千字	
□版　　次	2022 年 12 月第 1 版		□印次 2022 年 12 月第 1 次印刷			
□书　　号	ISBN 978-7-5487-4794-9					
□定　　价	76.00 元					

作者简介

　　徐军伟，男，河南省西华县人，1982年2月出生，博士，高级工程师，工作于湖南省地球物理地球化学调查所，现任湖南省地质学会常务理事。长期从事有色金属贵金属矿产勘查、地质科研及业务管理工作，在矿产地质领域特别是老矿山边深部找矿方面成果颇丰。主持和参与过的地质科研和地质勘查项目达20余个，参加了南岭地区蚀变花岗岩型铍铷铯矿床深部勘查示范、湘东北虎形山钨矿成矿作用与找矿预测、湘中紫云山岩体成矿规律与找矿预测、湘中锑矿带成矿系统与老矿山边深部找矿预测等国家级、省级大中型地质科研项目，先后荣获湖南省人民政府"十一五"找矿成果三等奖1次，中国有色金属地质找矿成果一等奖1次、二等奖2次，中国有色金属工业科学技术奖二等奖2次，公开发表科技论文20余篇，2020年被中国地质学会授予"野外青年地质贡献奖——金罗盘奖"。

前 言

　　湘东北虎形山钨多金属矿床位于江南造山带中段西北侧，是该地区发现的第一个大型钨多金属矿床。该矿床的发现不仅是江南成矿带西段钨多金属矿找矿的重大突破，也对江南钨多金属成矿的成矿规律总结及找矿预测工作具有重要的指示意义。但长期以来，虎形山钨多金属矿的成矿时代不清，浅部矿体与深部岩体的成矿关系不明，控制钨元素富集成矿的流体成矿过程不清，这制约了对矿床成因和成矿规律的认识，成为区域成矿预测与找矿勘探的主要阻碍。本书通过开展成矿年代学与深部岩体成岩时代对比研究，岩石地球化学、流体成矿作用等研究，建立矿床成矿模式，总结成矿规律，并结合地球化学原生晕的工作，开展找矿预测，取得了以下几个方面的进展。

　　(1) 虎形山钨多金属矿床矿化可划分为 3 个成矿期，依次为矽卡岩期，热液硫化物期和表生作用期。其中热液硫化物为主成矿期，可分为 4 个成矿阶段：石英粗脉阶段(Ⅰ)、云英岩-钨矿阶段(Ⅱ)、云英岩脉(石英脉)-钨金属阶段(Ⅲ)和石英-萤石脉黄铁矿阶段(Ⅳ)。

　　(2) 锆石 U-Pb 年代学分析表明虎形山矿床隐伏花岗岩就位于(137.8±0.5) Ma，这一时代与通过石英流体包裹体 Rb-Sr 等时线年龄(134±2) Ma 较为接近，表明深部花岗岩与成矿关系较为密切。深部花岗岩的 Hf 同位素组成与新元古界板溪群和冷家溪群的 Hf 同位素组成相似，表明花岗岩可能主要来自冷家溪和板溪群变沉积岩的部分熔融。

　　(3) 深部花岗岩表现出高(K_2O+Na_2O)含量和过铝质的特点，具有很低的

P_2O_5(<0.1%)含量与强烈的 Eu 负异常，Rb、U 和 Pb 显著富集，亏损重稀土、Ti 和 P，符合高分异花岗岩的特征。花岗岩主微量元素组成变化表明其主要继承自源区物质的性质，高分异属性主要受分离结晶作用的影响。通过与矿区新元古界冷家溪群地层中成矿元素的对比，表明冷家溪地层和花岗岩是钨矿形成重要的物质来源。

(4)虎形山钨多金属矿主成矿阶段对应钨矿沉淀有利的温度、盐度区间。Ⅱ、Ⅲ阶段包裹体均一温度和盐度分别为分别为 167～302℃，4.55%～7.96% 和 191～365℃，2.47%～5.62%。此均一温度代表成矿流体温度下限，成矿流体特征反映矿区钨矿成矿流体有利区间为中高温、低盐度条件。

(5)通过对虎形山钨多金属矿床成因及成矿作用的解析，建立了矿床成矿模式。虎形山矿床成因属构造变质热液叠加中高温岩浆热液型钨多金属矿床，主成矿时代为燕山晚期，成矿物质具多源性，主要来自深部岩浆，其岩浆源区为新元古代的冷家溪群，成矿作用过程至少经历了两期的分异演化富集作用而成矿。

(6)应用原生晕地球化学找矿预测方法对虎形山矿区进行成矿预测。构建了地球化学找矿异常模型，矿区内圈定了找矿预测区 4 处，为区内钨金属矿找矿勘查提供了新的思路和方向。

本书得到了湖南省地质院科研专项资金、湖南省地球物理地球化学所博士后工作站专项资金的资助。野外工作得到了湖南省有色地质勘查局二四七队的大力支持；室内工作得到了中南大学有色金属成矿预测与地质环境监测教育部重点实验室的大力支持；资料整理及图件制作得到了虎形山详查项目组全体成员的支持；本书的出版得到中南大学出版社的支持，在此一并表达诚挚的谢意。

徐军伟

2022 年 6 月

目 录

第 1 章
绪 论

1.1 选题及研究意义

钨是我国得天独厚的优势矿种，储量、产量、消费量和出口量均居世界第一。美国地质调查局统计资料显示，2019 年世界钨资源储量达 330 万吨(钨金属量)，其中我国占 190 万吨；2018 年世界钨产量 10.02 万吨，中国钨产量 8.2 万吨。我国的钨资源储量和产量分别占世界的 57.58% 和 81.71%，排名世界第一。同时，我国也是世界上最大的钨资源消费国家，2018 年中国钨消费量 5.1 万吨，占世界钨消费量 49%；欧洲、美国和日本钨消费量占全球钨消费量的比例分别为 21%、13% 和 11%。

随着国际贸易全球化速度的加快，国际贸易争端此起彼伏，近两年有从经济领域向高科技领域和矿产资源领域扩展的趋势，加大了世界主要国家对战略性新兴产业所需的关键矿产(critical minerals)的争夺，尤其是西方国家认为对其发展存在被"卡脖子"可能性的小矿种，因为这类矿产在西方国家较为短缺，而中国和俄罗斯等国家相对丰富(毛景文等，2019)。2018 年 2 月，美国内政部发布《关键矿产清单》(草案)，钨作为重点关注对象位列其中；2017 年欧盟认定的关键矿产增加到 27 种，其中对钨矿进口依存度为 44%；2015 年英国发布的风险清单矿产中钨的相对供应风险指数为 8.1，排 41 种矿产的第 7 位；中国将钨矿列为我国未来最重要的关键矿产之一(王登红，2019)。随着中国经济的快速增长、产业升级转换和高新技术的发展，钨的消耗量日益增大。因此，系统总结钨矿成矿规律、建立相应的成矿和找矿模型、寻找新的钨资源对我国经济、国防建设以及国家安全具有重要的战略意义。

南岭地区是我国最重要的有色金属集中区，也是发育最富的钨矿成矿区（毛景文等，2004；王登红等，2012），该区钨矿成矿时代集中在中生代，以石英脉型为主，具有钨锡共生的特点（毛景文等，2007；华仁民等，2010）。赣南地区钨矿资源储量约占世界总储量的 60%（樊献科，2019），由于长期连续的开采和钨资源的大量消耗，我国钨储量正在逐渐呈下降趋势，迫切需要寻找新的钨集中区。近些年随着勘查的不断深入，在毗邻长江中下游成矿带的江南造山带发现了超大型—大型的矽卡岩型和脉状浸染型钨矿，其中最著名、规模最大的是近些年发现的江西大湖塘脉状浸染型钨矿和朱溪矽卡岩型钨矿（Huang and Jiang，2014；Mao et al.，2013a，2013b，2015；Pan et al.，2017），这些发现改变了传统上对长江中下游地区地质的认识，表明江南造山带存在巨大的钨成矿潜力（周洁，2013；苏慧敏和蒋少涌，2017；Mao et al.，2017），这为我国华南地区的地质勘查工作提供了新的思路和方向。

尽管如此，江南造山带钨矿床的成因和地球化学演化仍然存在未解决的问题。前人研究表明，该地区钨矿床与花岗质侵入体有密切关系（陈骏等，2008；Mao et al.，2013a，2013b；Huang and Jiang，2014；Pan et al.，2017），尤其是白云母花岗岩（Huang and Jiang，2014）。然而，许多类型的花岗岩，包括二云母花岗岩、云母花岗岩、白云母花岗岩和花岗斑岩，显示出幔源贡献和钨矿化的成因联系（Mao et al.，2017，2013a，2013b），这些花岗岩的成因类型、物质来源、分异过程长期以来存在争论（苏慧敏和蒋少涌，2017；Song et al.，2019）。此外，江南造山带和长江中下游成矿带（斑岩型—矽卡岩型 Cu-Au-Mo-Fe 成矿带）矿化类型差异显著，尽管二者在空间上平行产出并且同时形成（Mao et al.，2017）。然而，与南岭地区典型矽卡岩型和黑钨矿—石英脉型钨矿相比，江南造山带发育独特的脉状浸染型 W-(Mo) 矿和矽卡岩型 W-(Cu)-Mo 矿矿化系统（Huang and Jiang，2014；Mao et al.，2013，2015，2017；Pan et al.，2017；Song et al.，2019；苏慧敏和蒋少涌，2017）。另外，该区钨矿成矿时限为 134~153 Ma，与南岭成矿带钨成矿年龄（145~160 Ma）存在差别，同时，该区钨矿伴随有 Cu 矿化，但是这种现象在南岭地区却不常见（Zhang et al.，2015），比如，大湖塘钨矿铜的储量达到 50 万吨（Mao et al.，2013a，2013b），朱溪钨矿中含铜 20 万吨（Pan et al.，2017）。大量研究表明，铜主要来自地幔的玄武质岩浆（Li and Jiang，2015），而钨则被认为来自地壳（Romer and Kroner，2016），这表明携带金属物质的幔源岩浆侵入下地壳对铜的富集起到了积极的作用，原岩的性质决定了烃源岩的熔融行为和与花岗岩有关的钨多金属矿床的金属禀赋性质（Romer and Kroner，2016；Yuan et al.，2019）。

虎形山钨矿是江南造山带西北部第一个发现的典型的大型钨多金属矿床，含钨20.67万吨，与长江中下游成矿带南西部相邻。对虎形山钨矿成岩成矿背景、成矿流体特征、成矿作用过程等方面进行系统研究和深入剖析，总结其矿床成因和成矿机制，建立成矿模型，对江南造山带乃至整个华南地区钨多金属矿的研究具有重大的理论和实践意义。

1.2 研究区位置及研究基础

湘东北地区在区域构造位置上处于华南地块与扬子地块的结合部位，东面为江西九岭构造带，西面与雪峰古陆相连，地处武汉—九江—临湘三角地带，是江南造山带西段重要的钨—铌钽—金—铅锌多金属矿成矿区带（图1-1）。区域上经历过加里东期、印支期和燕山期大规模的岩浆活动，发育加里东期和印支期重要的金成矿事件，燕山期钨矿和稀有金属矿成矿事件，目前已发现多个大型及超大型矿床，如虎形山大型钨多金属矿床、仁里超大型钽铌矿床、传梓源大型锂铌钽矿床、万古大型金矿床、黄金洞大型金矿床等，成为华南重要的钨—金—稀有金属矿产基地。多年以来，前人在研究区内集中对金矿的研究程度较高，忽视了对钨矿及稀有金属矿床的研究，伴随近些年找矿突破，为钨多金属矿研究打开了新的窗口。

虎形山钨矿床位于湘东北地区临湘市境内，2006年起由湖南省有色地质勘查局二四七队开始勘查，并提交一处大型钨多金属矿床。虎形山大型钨多金属矿的发现是区域找矿的重大突破，它的发现使许多研究者对本区位的勘查工作产生了新的认识。但该区有关理论方面的研究相对滞后，特别是在成矿阶段与期次、成矿流体性质、成矿成岩年代、成矿物质来源、矿床成因以及控矿规律等方面的认识都相对薄弱，没有明确的学术观点。近两年来在虎形山钨多金属矿勘查过程中在距离地表1100米深处首次发现了隐伏花岗岩体，为研究区域的构造演化及成矿过程提供了新的思路。

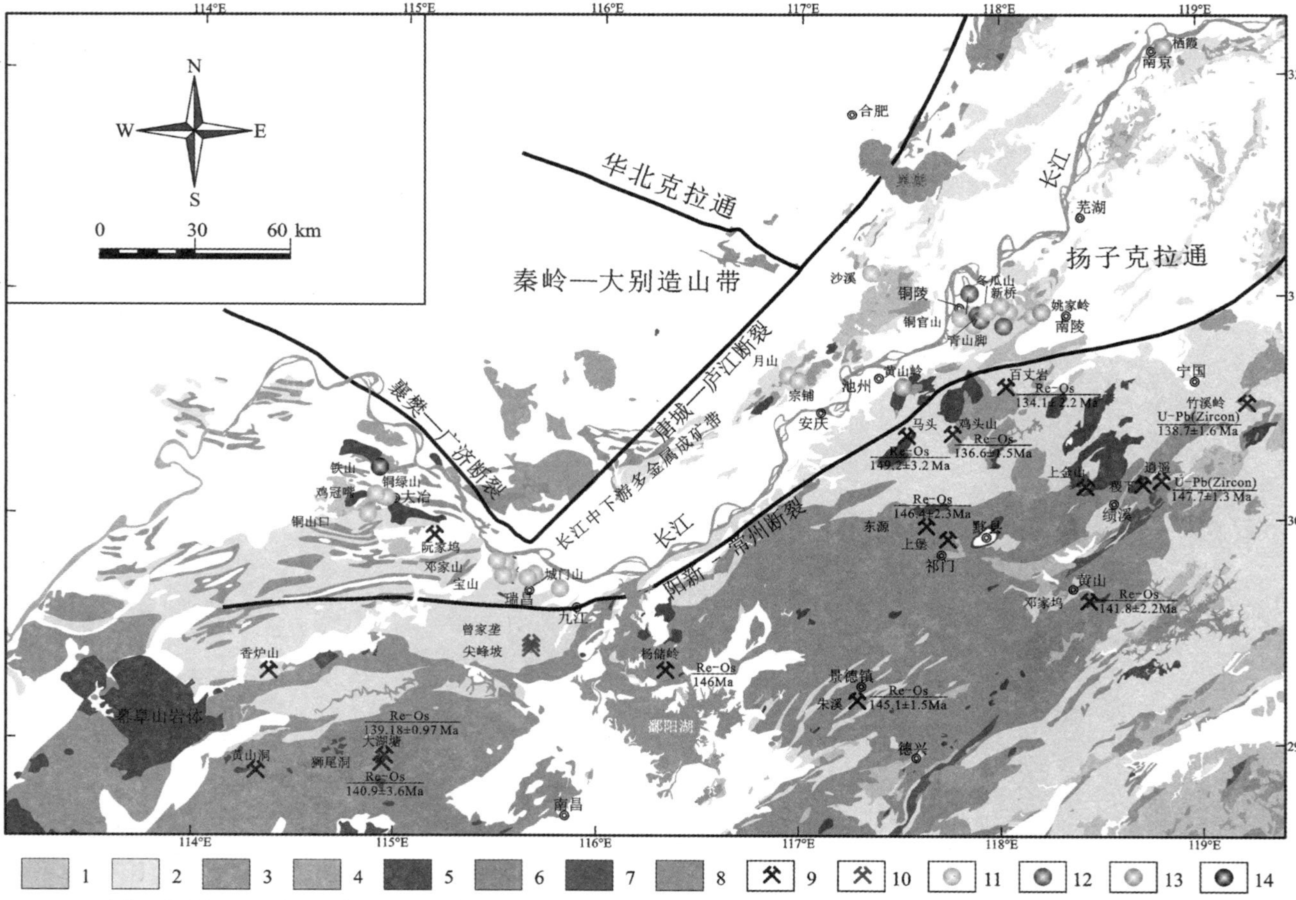

1. 中侏罗世至白垩纪沉积岩和火出岩； 2. 寒武纪至早三叠世海相碎屑岩和碳酸盐岩，中三叠世至早侏罗世碎屑岩； 3. 江南地块的地块：新元古代浅变质岩和沉积岩； 4. 白垩纪花岗岩； 5. 侏罗纪花岗岩； 6. 新元古代花岗岩； 7. 新元古代蛇绿岩； 8 河流和湖泊； 9. 钨矿床； 10. 锡矿床； 11. 铜矿床； 12. 金矿床； 13. 铅锌矿床； 14. 铁矿床。

图1-1 虎形山矿区构造位置图

本研究依托国家重点研发计划项目"我国稀有金属矿床形成的深部过程与综合探测技术示范"项目"南岭地区稀有金属矿产综合勘查示范"课题（编号：2017YFC0602402）、湖南省临湘市虎形山地区钨多金属矿控矿规律研究（湖南省地勘基金项目，编号：201003001）项目和湖南省临湘市虎形山钨多金属矿详查项目（湖南省地勘基金项目，编号：201506013），开展钨矿床的地质特征、成岩成矿作用及元素地球化学分带特征、钨矿的成矿规律及矿床成因研究，进而对研究区进行找矿预测。

1.3　研究现状

1.3.1　钨矿研究概况

1. 钨元素地球化学行为

钨（W）为第三过渡系列元素，位于元素周期表第 6 周期第ⅥB 副族。钨元素可与氧化合成多种氧化钨，以 +6 价钨状态最为稳定。钨具有较高的离子电位，容易作为络合物中心离子，对配位体具有较强的吸引能力，因此钨容易形成络合物。钨的沸点为所有化学元素之首，可达 5900℃。其熔点为（3410±20）℃，在金属中熔点最高（马东升，2009）。作为一种战略金属，钨享有"工业牙齿"的美誉，是重要的稀有难熔金属之一，因为在高温下能表现出优良的机械性能，其被广泛应用于机械制造、钢铁工业、航空航天、信息产业、矿山采掘冶炼、石油化工、电力能源、船舶、国防等领域（李俊萌，2009；崔中良等，2019）。

1761 年德国地质学和矿物学家 Lehmann（1719 1767）最早从黑钨矿石中提取出钨的氧化物，当时 Lehmann 没有注意到这是一种新的物质（马东升，2009）。直到 1781 年瑞典皇家科学化学家 Scheel（1742—1786）和 Bergman（1735—1784）在分析化验一种被称为"tung sten"（瑞典语，重的石头）的白色矿物时（即现在的白钨矿），从中提取出了一种新的氧化物，才首次确定了白钨矿是一种新发现的酸的钙盐，并且认为这种酸的钙盐经过还原反应可能会得到一种新的金属（叶帷洪等，1983）。1783 年西班牙 Elhujar 兄弟从黑钨矿中提取了钨的氧化物，并经过碳的还原，成功获得了金属钨（刘英俊和马东升，1987）。

在地壳中，钨是一种典型的亲石元素，主要呈+6价和+4价两种价态，大多以WO_4^{2-}形式存在，只有在基性岩浆中呈+4价（Ertel et al.，1996）。全球已知的20多种钨矿物中，具有工业价值的仅有黑钨矿（$FeWO_4$、$MnWO_4$）和白钨矿（$CaWO_4$）两种。黑钨矿属于优质钨矿，白钨矿属难选矿石，二者占全球钨资源的比例分别为70%和25%左右。此外，钨也和Cu、Pb、Zn、Fe、Nb、Ta、Ti、Mn、Co、V、Al、Mg、Sr、REE、Y、Bi、Sb等元素形成各种钨酸盐和氧化物矿物。钨的硫化物矿物非常罕见，目前已发现的只有4种，分别为硫钨矿（WS_2）、catamarcaite（Cu_6GeWS_8）、kiddcreekite（Cu_6SnWS_8）和 ovamboite（$Cu_{20}(Fe, Cu, Zn)_6W_2Ge_6S_{32}$）（马东升，2009）。

2. 钨矿床分布及成矿条件

钨矿床在世界范围内分布很不均衡。目前，世界上主要的产钨国有中国、俄罗斯、朝鲜、美国、加拿大、澳大利亚等。我国是世界上钨矿资源储量、产量、消费量和出口量最多的国家，在世界钨资源市场中占据举足轻重的地位。

从钨矿床产出地理位置分布上看，世界钨矿床主要分布在环太平洋大陆边缘，其次分布于广义欧亚大陆内部古大陆边缘碰撞带（图1-2）。世界范围内，从太古代到第四纪均有钨矿床产出，但主要集中在中生代和古生代，其次为新生代。国外著名的有加拿大的 Mactung 和 Cantungk、澳大利亚的 King Island、美国的 Pine Creek 和 Emerson 等大型—超大型钨钼多金属矿床（Meinert，1992；王新宇，2017）。中国钨矿床分布广、规模大，多数分布在造山带内，其中南岭成矿带集中分布了许多大型—超大型钨矿，例如柿竹园、西华山、瑶岗仙、香炉山、黄沙坪、阳储岭等，目前该区仍然具有巨大找矿潜力（陈毓川和王登红，2013），同时，秦—祁—昆成矿带、三江成矿带、天山—北山成矿带、长江中下游成矿带以及内蒙—大兴安岭成矿带也是重要的钨矿床分布区（图1-3）。按省份划分，我国钨矿主要分布在湖南、江西、河南、甘肃、广东、广西、福建、内蒙古等12个省区，占全国储量的99%（盛继福等，2015），尤其是近年来在江西九江和景德镇发现了大湖塘（丰成友等，2012）和朱溪（陈国华，2014）两个世界级钨矿。我国钨矿床的成矿年代分布广泛，从元古宙到喜马拉雅期均有产出，其中燕山期为最主要的成矿期，全国总储量83%以上集中在该期（王登红等，2014），其次是海西期（9%）和加里东期（4%）。

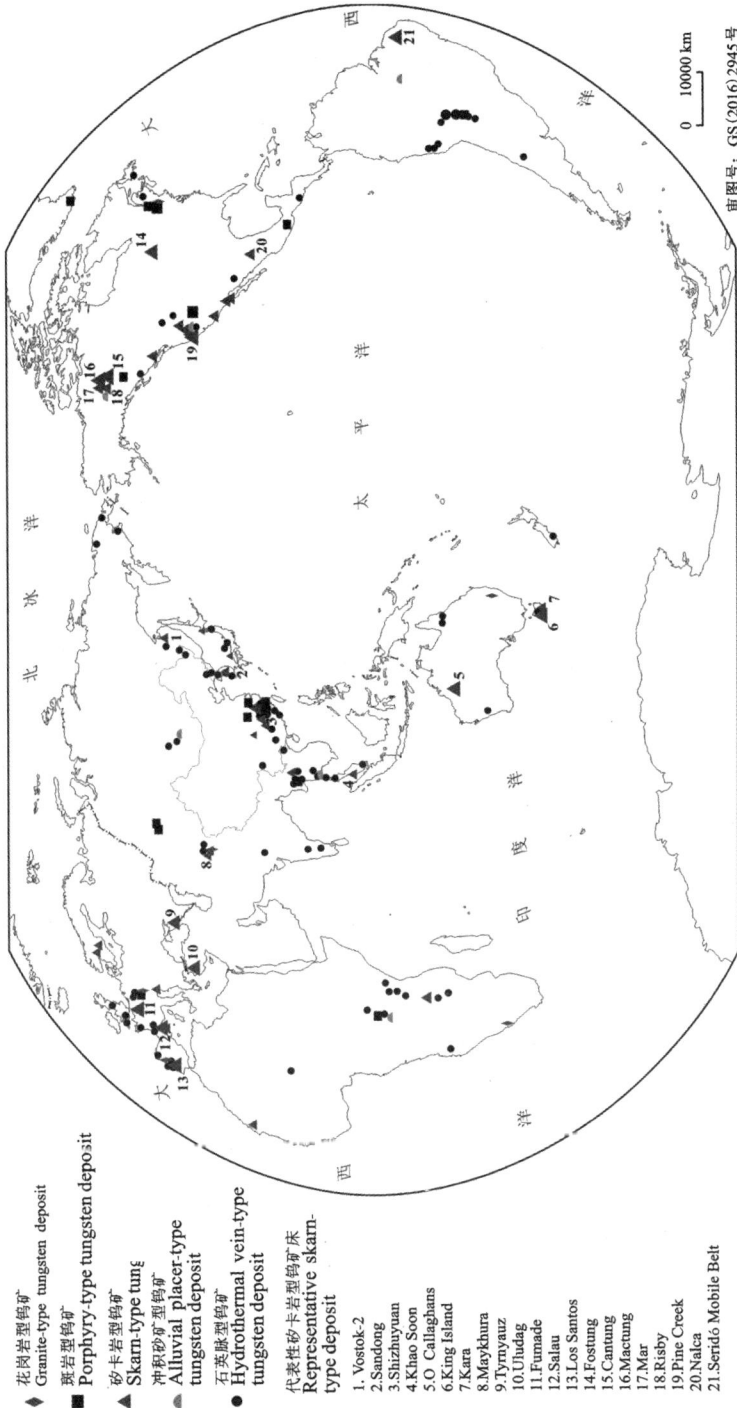

图1-2 世界主要钨矿床分布图

（引自季佳黛和李晓峰，2020；据Brown et al.，2014；Sheng et al.，2015修改）

花岗岩型钨矿
Granite-type tungsten deposit

斑岩型钨矿
Porphyry-type tungsten deposit

矽卡岩型钨矿
Skarn-type tungsten deposit

冲积砂矿型钨矿
Alluvial placer-type
tungsten deposit

石英脉型钨矿
Hydrothermal vein-type
tungsten deposit

代表性矽卡岩型钨矿床
Representative skarn-
type deposit

1. Vostok-2
2. Sandong
3. Shizhuyuan
4. Khao Soon
5. O Callaghans
6. King Island
7. Kara
8. Maykhura
9. Tyrnyauz
10. Uludag
11. Fumade
12. Salau
13. Los Santos
14. Fostung
15. Cantung
16. Mactung
17. Mar
18. Risby
19. Pine Creek
20. Nalca
21. Seridó Mobile Belt

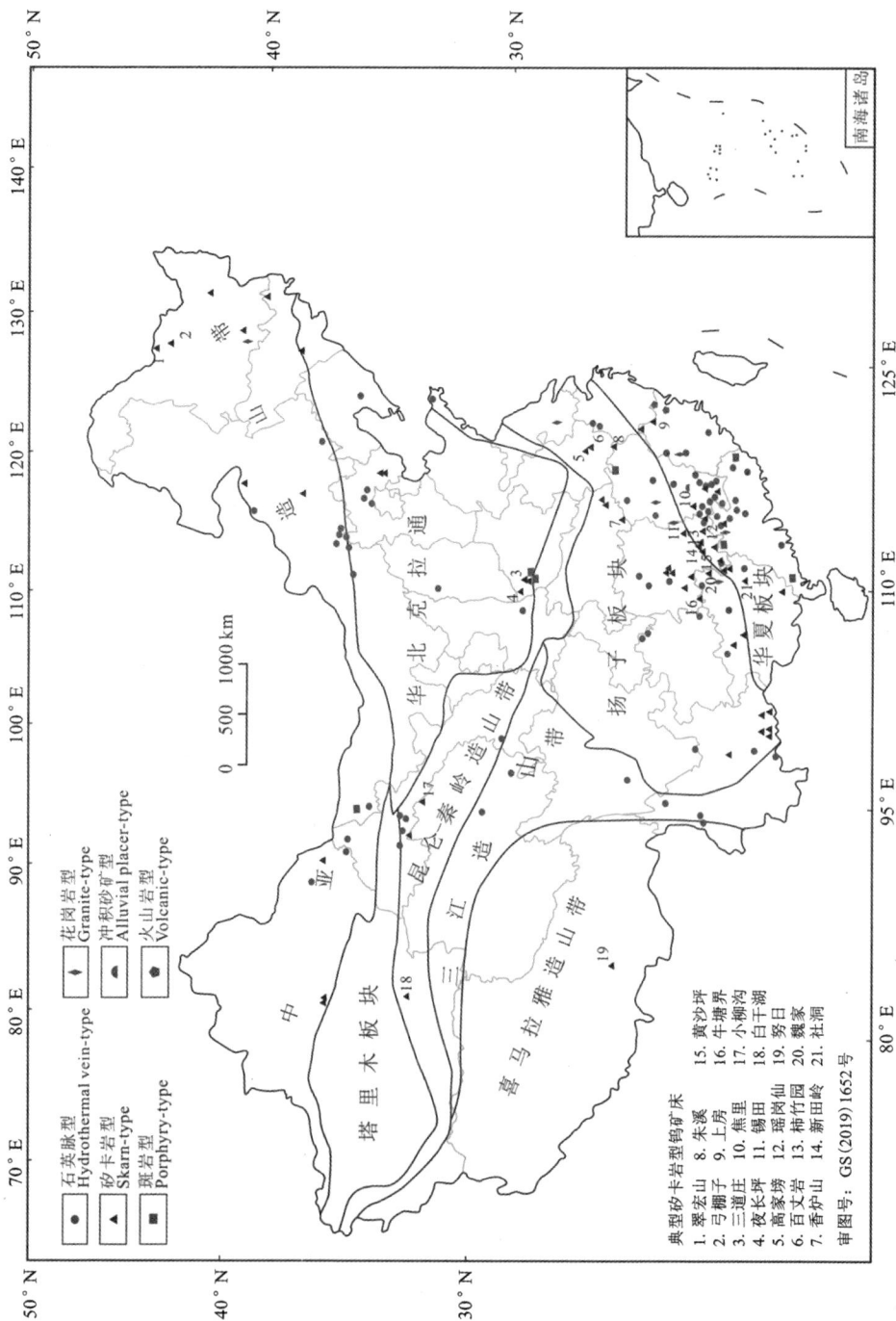

图1-3 中国主要钨矿床分布图

（引自李佳黛和李晓峰，2020；据Sheng et al.，2015修改）

典型矽卡岩型钨矿床

1. 翠宏山	8. 朱溪
2. 弓棚子	9. 上房
3. 三道庄	10. 牛塘界
4. 夜长坪	11. 锡田
5. 高家榜	12. 瑶岗仙
6. 百丈岩	13. 柿竹园
7. 香炉山	14. 新田岭
15. 黄沙坪
16. 牛塘界
17. 小柳沟
18. 焦里
19. 白干湖
20. 魏家
21. 社洞

审图号：GS (2019) 1652号

石英脉型 Hydrothermal vein-type

矽卡岩型 Skarn-type

斑岩型 Porphyry-type

花岗岩型 Granite-type

冲积砂矿型 Alluvial placer-type

火山岩型 Volcanic-type

8

我国钨矿成矿地质条件优越，矿化类型丰富，成因类型多样。主要的钨矿成因类型有石英脉型、矽卡岩型、斑岩型、层状浸染型、爆破角砾岩型和沉积型钨矿等。

石英脉型钨矿是我国钨矿主要类型之一，其开发早、产量多、规模大，占我国钨矿总储量的 25%，是我国主要的工业开采类型。在南岭成矿带集中分布，如赣南、粤北、湘南等区带。石英脉型钨矿在时间和空间上与燕山期花岗岩有密切关系(华仁民，2005；陈骏等，2008；毛景文等，2008)，主要产于花岗岩体和浅变质沉积岩的内外接触带部位，发育典型的"五层楼"成矿模式，从上到下可依次划分为微脉带、密集细脉带、中脉带、大脉带和稀疏大脉带，其中大脉带是矿床的主体，前四种矿脉产在外接触带的围岩中，稀疏大脉带产于深部的花岗岩中。许建祥等(2008)和王登红等(2010)根据江西大吉山和广东梅子窝矿区深部花岗岩体内有白钨矿化的客观事实，又提出了"五层楼+地下室"的观点，并在淘锡坑钨矿找矿实践中得到了运用。需要指出的是，并不是所有石英脉型钨矿都会出现五层楼，有些因为剥蚀和其他因素所致，可能仅出现三层、四层。矿体常沿裂隙成群成带分布，受断裂构造控制明显。围岩蚀变发育云英岩化、钾化、硅化、绢云母化等。矿石矿物主要有黑钨矿、锡石、辉铋矿、辉钼矿、黄铜矿、黄铁矿、毒砂、白钨矿等，脉石矿物主要有石英、白云母、方解石等。该类型代表性矿床有江西大吉山钨矿、西华山钨矿以及广东梅子窝钨矿、锯板坑钨矿、石人嶂钨矿等。

矽卡岩型钨矿也是我国钨矿床主要类型之一。近年来我国白钨矿探明储量有了较大幅度增长，白钨矿储量比例达到 71%，改变了以前我国钨储量以黑钨矿为主的结构，储量主要来自矽卡岩型钨矿。该类型钨矿主要产于湘南、赣北和东秦岭等地，其生成和分布与中酸性岩浆岩有关，矿体主要产于岩浆岩与碳酸盐岩的内外接触带及附近围岩中。矿体形态不规则，常呈囊状、透镜状、扁豆状，也呈似层状、层状等，受地层和岩体接触面联合控制。矽卡岩化是最主要的围岩蚀变，钾化、大理岩化、硅化、白云母化等也较为发育。白钨矿、黄铜矿、锡石、磁黄铁矿、毒砂等是主要的矿石矿物。该类型钨矿床的储量约占我国钨总储量的 39%。典型的矽卡岩型矿床有江西朱溪钨矿和香炉山钨矿，湖南柿竹园钨(锡钼铋)矿、骑田岭钨矿和瑶岗仙钨矿，甘肃塔儿沟似矽卡岩型白钨矿。

斑岩型钨矿的形成一般与火山—次火山作用形成的浅成—超浅成侵入体有

关，包括花岗斑岩、二长花岗斑岩、花岗闪长斑岩和石英斑岩。矿体主要产于围岩中。钨矿化主要呈细脉浸染状、网脉状等分布，具有规模大、品位低的特点。钠长石化和云母化是主要的围岩蚀变类型。矿石矿物主要有白钨矿、黑钨矿、辉钼矿，其次为黄铜矿、闪锌矿、辉铋矿等。典型斑岩型钨矿床如江西阳储岭钨矿、广东莲花山钨矿和河南三道庄钨矿（盛继福等，2015）。

层状浸染型钨矿体严格受地层层位和岩性控制，矿体产状和地层产状基本一致。矿体分布范围较广，矿体产状较为稳定，一般可分为一至数层。主要的矿石矿物有白钨矿、黑钨矿、自然金、辉锑矿（张明玉等，2016）。矿床规模为大—中型，品位较低，该类型钨储量占我国钨总储量的 0.7%。代表性矿床为广西大明山钨矿、湖南沃溪钨矿（盛继福等，2015）。

爆破角砾岩型钨矿产于斑岩型钨矿区的隐爆角砾岩筒内，也可以产于岩体周围的裂隙中，形成含钨矿脉，矿体小而富，主要矿石矿物为黑钨矿、辉钼矿，其次为黄铜矿、黄铁矿等。

沉积型钨矿主要产于原生钨矿附近，主要赋存于第四系坡积物和冲积物中，常见的矿物组合为黑钨矿（白钨矿）和锡石。江西铁山垅钨矿为该类型的典型矿床（张明玉等，2016）。

由于复杂的成矿作用，多样的成矿物质来源，成矿作用的多期多阶段性，我国钨矿床多形成共生复杂的矿田和矿床，而不是单一类型的矿床。比如江西大湖塘钨矿表现为岩体内浸染型—砾岩筒型共生；湖南柿竹园钨矿田发育岩体内云英岩型—矽卡岩型—云英岩和大理岩中的网脉型、石英脉型多种类型矿床；瑶岗仙钨矿中，花岗岩内浸染型—石英大脉型—细网脉型—云英岩和花岗伟晶岩型—矽卡岩型都有发育（康永孚和李崇佑，1991）。

1.3.2 钨矿床成矿作用研究

1. 钨矿床类型及特征

20 世纪 50 年代以前，根据 W. 林格伦（1911）、P. 尼格里（1925）和史奈德（1932）等人关于矿床分类学说，我国钨矿床在岩浆一元论的基础上，主要根据温度、压力和矿床距离岩体的位置等因素，将钨矿床划为与岩浆作用有关的矿床。20 世纪 60 年代以后，人们逐步认识到钨成矿具有多源性、多因性、多阶段性以及多种机制联合控矿的特征，逐步认识到钨成矿与沉积、变质、岩浆作用均有重要的关系。康永孚和李崇佑(1991)以钨矿多元成矿理论为指导,充分考虑钨矿床成矿物质多源性、成矿条件多样性、成矿作用多因性以及今后找矿预测的借鉴性,将我国钨矿按成因类型划分为 3 类、5 个亚类、20 个型。

许多矿床是多种因素复合而成,例如斑岩矿床与矽卡岩型矿床,钨矿化既可以产在斑岩体内,又可以产在矽卡岩里,从成矿系列来看,它们彼此之间存在着交织关系,形成“多位一体”或同源多体的控矿系列在空间上的立体分布(程裕淇等,1979)。如江西大湖塘钨矿田按矿床成因可划分为石英大脉型、细脉浸染型、岩体型、隐爆角砾岩型 4 种矿床类型。钨矿床,尤其是特大型矿床,一般是由上述 2 种或 2 种以上矿床类型组成的复合矿床(左全狮等,2015);湖南柿竹园钨矿成矿期第一阶段矿化以含矿块状钙质矽卡岩和含矿退化蚀变岩为主,第二阶段为云英岩矿化,在空间上叠加于块状矽卡岩及外部的大理岩,形成矽卡岩—云英岩型 W-Sn-Mo-Bi 矿床(毛景文等,1996);湖南瑶岗仙钨矿主要矿化类型有石英脉型、岩浆岩型、云英岩析离体型、云英岩脉(枝)型、云英岩—石英脉型、毒砂黄玉层等(祝新友等,2015)。很多矿床学家(林运淮,1982;徐克勤和程海,1987;康永孚和李崇佑,1991;蔡改贫等,2009)通过对钨矿床不断的总结分析归纳研究,将钨矿床类型主要划分为以下类型:石英脉型(西华山钨矿)、矽卡岩型(加拿大马克通、坎通等钨矿床)、斑岩型(加拿大东部普莱曾特山矿、江西阳储岭钨矿床)、层控型(奥地利米特西尔钨矿、湖南沃溪钨金矿)、沉积型和沉积变质型(奥地利围斯堡钨矿)、伟晶岩型(韩国Okbang 钨矿)、角砾岩筒型(墨西哥 Sonora 钨矿)、砂积型(缅甸 Einze Basin 钨矿)、热泉型(美国内华达 Golconda 钨矿)、卤水或蒸发盐型(加利福尼亚Searles 湖钨矿)等。

近年来,除传统钨矿类型外,新类型钨矿的研究和勘查也取得了一定的进展。盛继福等(2015)提出“破碎带蚀变岩型钨锡矿床”(赣南八仙脑钨矿)和“破碎带沿层交代型钨矿床”(赣东北朱溪超大型钨矿体)。云英岩型钨矿床多分布于岩体顶部、边部或距离接触带不远的围岩中(<1.5 km),该类型钨矿体受断裂构造控矿特征明显。由构造运动引起地壳岩石的变形,改变了岩石的渗透性能,形成了微裂隙、裂隙、断层等构造,为矿液运移提供了通道,矿脉主要充填于这些构造中,形成以充填作用为主的钨矿床类型。矿床典型的围岩蚀变为云英岩化。矿物组成通常为黑钨矿、白钨矿,并常伴生锡石、黄铁矿、辉钼矿、毒砂等。脉石矿物主要为石英,其次为长石、萤石、方解石等。矿石构造

有块状和浸染状构造等，围岩蚀变主要为云英岩化，并伴随硅化，在外接触带多出现硅化、绿泥石化、碳酸盐化等。

2. 与钨矿相关花岗岩及其成矿专属性

花岗岩的成矿专属性指一定类型的矿种与一定成分或特定类型的岩体有密切联系。20 世纪 50—60 年代就引起了地质学者的关注（Hosking，1963；Lehmann，1987），并提出了 3 种可能的方案：①岩浆本身富集某些成矿元素，在岩浆演化、冷凝过程中成矿元素逐渐富集形成矿床；②岩浆提供热力作用，使深部热液溶解地壳上部地层中较为分散的成矿元素，从而使成矿元素达到迁移和富集成矿的作用；(3) 两种因素的共同作用。花岗岩类的特征成矿元素主要有 Be、Li、Rb、Cs、Zr、Hf、Nb、Ta、W、Sn、Bi、U，其次为 Fe、Cu、Pb、Zn、Mo、Au、Ag 等。花岗岩对钨锡成矿的贡献和控制长期以来一直受到学者的关注，在世界范围内，钨的主要矿化发生在燕山期，伴随强烈而广泛的酸性岩浆作用，全球出现了钨成矿高潮，我国的南岭钨锡矿即属于此类（刘英俊和马东升，1987）。Chappell 和 White（1974）、徐克勤等（1984）在花岗岩成因分类和判别标志方面取得了长足进步，将钨锡矿与花岗岩关系的研究引入判别花岗岩类型和探讨其成矿物质来源的方向上。研究表明，钨锡矿化与演化程度较高的 S 型花岗岩具有密切关系，极少数与 A 型花岗岩有关（蒋少涌等，2008），这些花岗岩具过碱性和过铝质特征，且都含有一定量的挥发分，如 F、Li 和 B 等（Srivastava and Sinha，1997；Kempe and Wolf，2006；Fogliata et al.，2012）。岩浆岩地球化学特征显示此类花岗岩具有轻、重稀土元素分馏和负 Eu 异常的稀土元素特征，富集 Rb、Th、U 等大离子亲石元素，相对亏损高场强元素。并且这些花岗岩具有较高的钨、锡和钼等含量，比克拉克值高出几倍到几十倍（Neiva，1984；Lehmann，1987）。

Kwak 和 White（1982）将矽卡岩型白钨矿划分为两种类型：W–Mo–Cu 型和 W–Sn–F 型，W–Mo–Cu 型主要与氧化性 I 型花岗岩有关，矿体主要产在富氧矽卡岩中；W–Sn–F 型与还原性 A 型花岗岩有关，矿体主要产在相对贫氧的矽卡岩中。地质学家通过对华南地区钨矿长期而深入的研究，他们认为钨主要来源于成矿的花岗岩（华仁民，2005，陈骏等，2008），陈骏等（2008）认为华南地区与钨成矿关系密切的主要是 S 型花岗岩，钨在 S 型花岗岩岩化过程中逐步富集成矿。Mao 等（2015）对江西大湖塘钨矿床中相关的花岗岩进行研究，认为与钨成矿有关的花岗岩主要为来源于元古代地壳重熔的 S 型花岗岩，而 I 型花岗岩及相关的矿床来源于部分熔融的俯冲板片。

我国大部分钨矿集中在华南地区（如 Zhang et al.，2017；Zhao et al.，2017；Mao et al.，2013a，2017）。目前，几乎所有已开采的钨矿床都是在 2010 年之前发现的，并且主要分布在南岭山脉沿线（Hu and Zhou，2012；Liu et al.，2017；Mao et al.，2017）。然而，位于长江中下游成矿带（YRB）东南缘的江南地块已勘探到越来越多的矽卡岩钨矿床和与花岗岩有关的钨钼矿床（图 1-1；Huang and Jiang，2014；Mao et al.，2013b，2015；Pan et al.，2017）。与扬子克拉通东南缘分布的许多中大型斑岩—矽卡岩铜钼金铁矿床相比，钨多金属矿床主要集中在江南地块（Chen et al.，2018；Su et al.，2017）。特别是，最近发现了许多新的世界级矿床，其中最著名的是与大湖塘花岗岩有关的钨矿床和朱溪矽卡岩钨铜矿床（Huang and Jiang，2014；Mao et al.，2013b，2015；Pan et al.，2017）。因此，江南地块具有巨大的钨勘探潜力，有望成为世界上主要的钨富集区（Su and Jiang，2017；Mao et al.，2017）。

3. 成矿物质来源

对钨矿成矿物质来源的研究很多，主要有以下几种观点。

成矿物质来源于岩浆。徐克勤早在 1958 年就提出，形成钨矿的含矿溶液来源均与花岗岩类岩浆活动有关；翟裕生等（1999）认为华南地区以中生代为主的含矿花岗岩类是元古宙—早古生代的古老结晶基底—富钨、锡等的硅铝质地壳长期演化、多期次构造—流体作用"熔炼"的结果。

成矿物质来源于地层。该类型钨矿床大多为层状的沉积变质型。Wenger 对欧洲阿尔卑斯地区 Kleinarital 白钨矿成矿物质来源进行了研究，结果显示 Kleinarital 白钨矿具有明显的同生沉积—成岩作用的特征，表明该类型的白钨矿化在地层沉积时就已经存在于地层中。很多矿床学家都认为东阿尔卑斯地区多数白钨矿床为同生沉积形成，且白钨矿床中大多含有火山沉积物质。

成矿物质来源于岩体和地层。许多矿床学家将我国钨矿床的特点大体归纳为以下几类：成矿物质来源多样、含钨建造层位多种、成矿作用阶段多期次、成矿流体来源多样、成矿环境多变性等。这是近年来对矿床多成因、成矿物质多来源观点的体现。地质学家们在研究矿床成矿物质来源中都倾向于认为成矿物质既有地层提供，也有岩体的补充的观点（李洪茂等，2006；李水如等，

2007）。

成矿物质来源于深部地幔。这是一种新的钨矿成矿物质来源观点。聂荣峰等通过对深部流体、深部构造的研究，认为赣南多期次成矿过程与中生代岩石圈的伸展关系密切，多期次的含钨矿质地幔柱活动或地幔上涌致使岩石圈伸展并最终大规模形成钨矿床。石洪召认为地球经过了漫长的分异演化以后，基本达到了壳、幔分异平衡状态。钨作为一种极不相容元素在分异演化的过程中优先在液相中富集，并最终在地壳中达到最大富集。一种解释认为成矿物质直接来源于深部地幔，说明地幔、地壳未达到分异平衡状态。另外的一种理解就是在岩石圈伸展区岩浆活动频繁，火山喷发或深源岩浆侵入的过程中同化混染原始基底，含钨基底在分异演化的后期形成钨矿床，钨作为一种典型的在地壳中高度富集的元素，其在地幔中的分异是不可逆的。钨元素一旦进入地壳就开始了在地壳中的地球化学旋回。

4. 流体演化成矿作用

巩小栋（2015）通过对野外含钨矿石英脉的穿插、切割关系、矿物组合等将含钨矿石划分成矿流体的期次和阶段，然后开展流体包裹体研究，根据显微测温结果获得钨矿床成矿早期到晚期流体包裹体的均一温度和盐度范围。研究表明，矽卡岩型钨矿均一温度和盐度一般较高，不同石英脉型钨矿床石英均一温度和盐度相对较低（巩小栋，2015）。

前人通过对含钨石英脉中石英单矿物的 H—O 同位素研究认为，成矿流体以岩浆热液为主，晚期可能有大气降水的参与（王旭东等，2009；魏文凤等，2011；唐朝永等，2013）。C、O、S、Pb 稳定同位素的研究同样表明钨多金属矿的成矿流体及成矿物质来源与岩浆岩关系密切（宋生琼等，2011；杜玉雕等，2011）。

对于钨多金属矿床的形成过程，目前研究有以下几种观点：①部分金属元素迁移到硅质岩浆房顶端成矿（Kovalenko and Kovalenko，1984）；②强烈岩浆的分异结晶作用成矿（Raimbault et al. ，1995；Gomes and Neiva，2002；Breiter et al，2014）；③岩浆期后热液蚀变，例如云英岩化（Neiva，2002），导致金属矿物从花岗岩中释放沉淀成矿（Zhao et al. ，2005）。

通过对野外矿石中矿脉的穿切关系、流体包裹体研究以及元素、同位素研究，认为钨矿床最重要的成矿来源是岩浆，钨矿体大多经过岩浆—热液方式富集成矿（Ishihara，1977；Candela and Bouton，1990；Fogliata et al.，2012；Maulana et al.，2013）。

5. 钨矿床的成因

黑钨矿成因类型比较单一，主要为与花岗岩关系密切的热液石英脉型钨矿；白钨矿床的成因较复杂，以往主要以花岗岩岩浆演化成矿模式为主导，钨矿床的成矿物质来源、成因均与岩浆作用有关（宋焕斌，1988；官容生，1993）。20世纪70年代以后，随着矿产勘查工作的深入，人们相继发现了许多层状和层控的白钨矿床，以往曾被认为是与花岗岩有关的一些白钨矿床，后来的研究表明这些白钨矿床属于沉积变质成因，如澳大利亚的 King Island 白钨矿床等。不可否认，几乎所有的层控（层状）白钨矿床发育的地区，都发现有花岗岩或火山岩的存在，但是花岗岩和火山岩与层状的矽卡岩的形成及其相关的钨矿化没有直接的关系，矿化部位没有发现花岗岩或火山岩体。一些花岗岩或火山岩发育的地区，岩体中未见钨矿化，局部甚至见花岗岩体切穿矽卡岩体或矿体的现象。近年来，白钨矿的"热水沉积—变质改造—岩浆热液叠加"（刘玉平等，2000；鲍正襄等，2001）的成矿模式被提出，并逐渐被人们认可，即所谓的复合成因钨矿床。

在我国华南地区与花岗岩有关的矿种多与钨矿密切伴生，且大多可达到工业品位。岩体对钨矿化的作用有两种：其一，为岩浆提供了部分钨成矿物质来源，叠加在原始的钨矿源层上，从而使原始钨矿源层富集以达到钨的工业品位，形成沉积—变质—岩浆叠加型钨矿床；其二，为岩浆提供的热能使原始矿源层中分散的钨元素重新活化迁移，在有利的成矿部位富集，从而形成沉积变质改造型钨矿床。

1.3.3 钨矿成矿预测研究

赵鹏大（2001）强调科学理论和多学科知识在成矿预测理论与方法中的综合运用。地质勘查不仅能体现地质理论技术，还是一项与经济活动高度相关的社会活动，找到高品位、规模大的矿床只是满足矿山开采的第一步。矿产勘查是长周期活动，要想实现经济利益链条的贯通，必须要考虑经济周期、矿业周期、政治、文化习俗、宗教信仰、生态治理、环境保护等方面的问题，因为忽视这其中任何一项问题都可能导致矿山开采的失败或者亏损。叶松青和李守义

(2011)总结了国内外地质找矿的研究现状,认为:①矿产预测的方法总体是由简单到复杂,由单一方法到综合方法,由抽象找矿概念模型到具体的某类矿床的实用模型,以最终得到经济规模的矿产评判;②越来越强调科学找矿,因为表层矿基本勘查完毕,目前需要寻找隐伏矿,向地球深部进军,找矿难度增大,对成矿模式的提出也有了更高的要求;③实现找矿突破依然离不开地质工作者的理论基础和找矿经验;④目前正在向多方法综合找矿、三维立体成矿预测等方向演化。

1. 地质异常找矿理论

赵鹏大(2001)提出了地质异常找矿概念,其核心观点是稀少的成矿作用事件的发生是在物质运动存在着差异或变异时形成的结果;各成矿要求或环节"异常"在时间和空间上的有利匹配和耦合,构成有利于成矿的"地质异常",称之为"致矿地质异常"。

该理论主要应用类比法,总结已知矿床的成矿规律并建立相应的成矿模式,用于指导勘查区找矿。矿产勘查的决策是在不确定条件下进行的,其核心是成矿预测。矿产勘查以地质、数学、经济理论知识和勘探技术为基础,其中地质基础主要用于查明矿床地质特征;数学主要是定量区分围岩体和含矿体的重要依据,是圈定矿体异常的前提和基础,概率法则又对地质现象、地质规律、勘查工作起到主要的制约作用;经济基础决定矿产勘查是否经济合理,矿体的经济属性受工业开采要求和市场价格的制约,矿床经济可行性评价是矿产勘查必不可少的重要组成部分;技术水平影响勘查深度和广度以及处理数据和分析信息速度和精度,技术水平对勘查战略、勘查程序和勘查方法都会产生重大影响,新技术的发展使经济因素发生改变,从而影响到矿床的勘查评价。勘查过程中遵循最优地质效果与经济效果的统一、最高精度要求与最大可靠程度的统一、模型类比与因地制宜的统一、随机抽样与重点观测的统一和全面勘查与循序渐进的统一。其中地质效果与经济效果的统一是解决勘查理论与现实结果的核心问题,只有有了经济效益,才谈得上有效果的勘查理论。

以往勘查工作以发现地表矿化为追索点,就矿找矿,形成了"点→面→片"的战略认识。但是在今天,地质勘查技术已经取得了长足的进步和发展,地质信息获取、资料综合整理研究和数据信息传输的能力不断提高,野外交通和通信条件不断改善,所以"快速扫面、面中求点、逐步缩小和筛选靶区"的策略无疑更为可靠和有效。

2. 成矿地质体地质模型找矿预测理论与方法

叶天竺等(2014)提出的成矿地质体找矿模型对勘查区找矿预测有很大帮助,尤其是在大比例尺(1∶5万)矿区开展找矿预测,通过部署探矿工程,揭露矿体位置、产状等特征,利用专题地质填图、样品采集化验,构建地质模型,结合物化探等综合方法,查明地质体、成矿构造和结构面、成矿作用特征标志,构建勘查区找矿预测地质模型,预测未发现矿体的空间部位。叶天竺等(2014)强调在研究成矿作用机制问题过程中,要围绕地质作用成矿、界面成矿(岩性界面、构造界面、物理化学转换界面、地球物质界面构成成矿结构面)和突变(物理化学条件突变)成矿理论来展开,研究成矿地质体和矿体的关系,研究成矿构造系统和成矿结构面,研究成矿作用特征的标志。该成矿理论的核心在于成矿地质体的确定,成矿地质体是与矿床形成在时间、空间、成因上密切联系的地质体。矿床形成与成矿地质体同时或相近,矿床空间分布与成矿地质体相依,是形成矿床主要矿产主成矿阶段空间定位的成矿地质作用的实物载体。隐伏成矿地质体空间位置的确定主要依靠浅部地质识别标志、物化探资料和区域地质构造分析。岩浆侵入地质体研究的内容主要包括岩体年龄、期次、出露面积、产状、侵位深度、剥蚀程度、隐伏岩体、岩石组合、矿物成分、结构构造、岩浆作用影响范围等。

3. 成矿系列理论与方法

成矿系列(minerogenetic series)是矿床地质科学中研究区域成矿规律的一种学术思想,指在一定的地质历史期间或构造运动阶段,在一定的地质构造单元及构造部位,与一定的地质成矿作用有关,形成的一组具有成因联系的矿床组合自然体。根据成矿作用的级次,成矿系列可以划分为不同的层级,如系列、亚系列、矿床式等(程裕淇等,1979;陈毓川等,2020)。利用成矿系列理论来指导找矿具有现实意义,根据已知的成矿系列理论,针对勘查区的地质构造环境和岩石建造特征,可以预测该区可能存在某一(些)成矿系列。该方法强调成矿结构的组合性和相关性、各种类型和矿种的联系性,通过与理想矿体模型进行对比,寻找勘查区可能被忽视的矿种或类型,强调在工作中要全面、综合地考虑各种问题。

成矿系列是一种系统思维方法,属于缺位预测,只能预测可能缺什么,但不能准确预测缺的矿种、类型、大小和规模等,所以在现代化找矿的今天,应该配合其他找矿方法手段进行综合预测,以便缩小找矿靶区,提高找矿成功率。

4. 基于 GIS 的综合信息预测法

地理信息系统(geographic information system,GIS)是一门综合性学科,是需要综合地理学、地图学以及遥感和计算机科学知识,同时,需在计算机软、硬件系统的支持下,对整个或部分地球表层空间中的有关地理分布数据进行采集、储存、管理、运算、分析、显示和描述的技术系统。在 GIS 强大的数据处理能力支撑下,以往只能打印观看的地质图件,可以以信息流的形式在计算机和处理软件中随意抽取、组合、修饰。地质技术人员可以将各种地质信息叠合到一张或多张综合预测图件,进行最有利的成矿预测,迅速确定找矿靶区。GIS方法的应用,对于增强地质经验理论的总结和提高有很大的帮助。

5. 原生晕地球化学预测法

矿床或矿体往往形成以各自为中心的元素分带异常,通过研究矿床原生晕的分带特征,可以确定矿床的成矿指示元素及其分带序列,预计矿体剥蚀深度、确定深部矿体形态产状、寻找隐伏矿体。该方法是进行找矿预测和寻找隐伏盲矿体的一种有效、实用的方法,在矿产勘查地球化学中已经被广泛应用,取得了许多成功的实例(伍宗华等,1993;代西武等,2000)。

1.3.4 虎形山钨多金属矿研究现状及存在问题

1. 勘查现状

虎形山矿区位于临湘市北部,行政区划分属儒溪镇和源潭镇管辖,是20世纪50—60年代湖南冶金二三五队在勘查中最早发现的以钨铍矿为主,并伴生银铜钼铅锌多金属的矿床。2006—2010年,湖南省有色地质勘查局二四七队在该区开展了钨多金属矿普查工作,查明 333、334 级矿石量 11344 万 t,WO_3 资源量 20.67 万 t,其中 333 级别 WO_3 资源量:16.30 万 t;伴生组分 BeO:30053 t,Ag:427.92 t,Mo:3691 t,Bi:1517 t,Cu:236 t。通过普查阶段的工作，认为该区域具有较好的钨铍多金属矿找矿前景。但是该阶段工作也存在不足，主要体现在矿体的控制程度较低、没有详细划分矿石类型、地层时代归属不清、是否存在深部隐伏岩体以及岩体与成矿关系等问题。

为了进一步查明该区域钨多金属矿地质特征和矿产资源量，湖南省有色地质勘查局二四七队在 2014—2016 年对该区开展详查工作。通过本次详查工作，进一步查明了矿区地层岩性情况、构造特征、矿化蚀变类型及矿化蚀变范围、矿石结构构造特征、矿石矿物成分及矿石化学成分、矿体内有益、有害组分的分布特征及其变化情况、矿体形态产状及变化情况；通过可选性实验研究和物相分析结果，进一步将矿体划分成氧化带矿体和原生带矿体；进一步了解矿石质量及矿石加工技术性能，通过钨可选性研究实验，认为常温浮选—加温精选的流程，可实现原生带中白钨矿的浮选回收，总回收率为 68.46%，精矿品位为 55.21%，铍回收率为 62.53%，精矿品位 6.57%。

2. 研究现状

虎形山钨矿区大地构造位置属于扬子陆块的东南缘，下扬子台褶带的西端南缘。区域内构造活动经历了印支、燕山多期次构造、岩浆作用，构造活动频繁强烈，区内断裂构造发育。勘查区出露地层较为简单，出露地层主要为中元古代长城系，系易家桥组（Chy）、雷神庙组（Chl）及寒武系下统牛蹄塘组（$\epsilon_1 n$），主要赋矿地层为牛蹄塘组灰岩、泥灰岩、碳质板岩。矿区构造以断裂为主，分为 EW—NWW 向和 NNE 向两组，其中 EW—NWW 向 F1 断裂为区内重要含矿断裂，钨铍矿产于该断裂及下盘围岩中，NNE 向断裂为成矿后断裂。本区矿化主要有铁、钨铍、铅锌、铜、金矿化，钨铍矿化呈脉状产出，类型为白钨矿化云英岩脉，铅锌铜矿化在钻孔深部局部地段可见，矿化类型主要为石英脉型。金属矿物主要为白钨矿，其次为黑钨矿、黄铜矿、绿柱石、辉钼矿、闪锌矿、方铅矿等，含少量磁黄铁矿、黄铁矿。脉石矿物主要有方解石、白云石、云母、石英、萤石、绿泥石、透闪石、透辉石等。围岩蚀变主要为云英岩化、矽卡岩化、大理岩化、绢英岩化、绿泥化、硅化、萤石化等，其中云英岩化、矽卡岩化、大理岩化与矿化关系密切。

虎形山钨矿自 20 世纪 50—60 年代被发现以来并没有开展过系统的科学研究工作。2006—2010 年，湖南省有色地勘局二四七队在该区开展钨铍多金属普查工作时，虎形山钨矿床的科学研究工作才开始较为系统地展开。

2011—2014 年湖南省有色地质勘查局二四七队在该区开展"湖南省临湘市虎形山地区钨多金属矿控矿规律研究",陆续发表了一系列有关虎形山矿床研究成果的论文。研究分析了虎形山地区钨多金属矿床地质特征,明确了矿区断层构造对成矿控矿作用和主矿体倾伏规律,初步探讨了矿床成因,总结了研究区 W、Au、Pb、Zn 成矿规律(张强录等,2012;唐朝永等,2013;王开朗等,2013;杨梧,2015;解文敏和陈云华,2015;刘烨等,2019;Xu et al.,2020)。

3. 存在的科学问题

1)钨成矿机制问题

江南成矿带钨矿床的岩石成因和地球化学演化仍有许多问题有待解决。先前的研究表明,这些可能与花岗岩侵入体密切相关(Mao et al.,2013a;Pan et al.,2017),尤其是白云母花岗岩。然而,许多类型的花岗岩,包括黑云母花岗岩、二云母花岗岩、白云母花岗岩和花岗斑岩,显示出与钨矿化的成因关系(Mao et al.,2017,2013a)。它们的成因类型、物质来源和分化过程一直存在争议(Su and Jiang,2017;Song et al.,2019)。此外,江南成矿带和 YRB(斑岩—矽卡岩—铜—金—钼—铁矿带)的矿化类型明显不同,但它们在空间上平行,在时间上同时形成(Mao et al.,2017)。然而,与以矽卡岩和黑钨矿—石英脉型钨矿床闻名的南岭山脉(Mao et al.,2013b;Zhang et al.,2015)不同,江南地块产于与花岗质岩石相关的 W(-Mo)和斑岩—矽卡岩 W–Cu–Mo 成矿系统中(Huang and Jiang,2014;Mao et al.,2013b,2015,2017;Pan et al.,2017;Su and Jiang,2017)。此外,江南地块中的许多钨矿床伴随着铜矿化,而南岭地区的情况并非如此(Zhang et al.,2015)。例如,大湖塘钨矿的铜储量达到 50 万 t(Mao et al.,2013b),朱溪钨铜矿的铜储量达到 20 万 t(Pan et al.,2017)。大量研究表明,铜主要通过玄武岩熔体来自地幔(Li and Jiang,2014),而钨则被认为是从地壳中提取的(Lehmann,1987)。因此,钨铜矿化的共生关系似乎存在问题。

2)研究区有待解决的科学问题

目前对虎形山钨铍多金属矿区的研究主要集中在矿床地质特征(张强录等,2012;唐朝永等,2013)、成矿物质来源(张强录等,2012;唐朝永等,2013;王开朗等,2013;解文敏和陈云华,2015;Xu et al.,2020)、成岩成矿年代(唐朝永等,2013;王开朗等,2013;Xu et al.,2020)、成矿规律(杨梧,2015)、矿床成因(唐朝永等, 2013; 解文敏和陈云华, 2015; 杨梧, 2015)、成矿机制(Xu et al., 2020)、成矿预测(晏月平等, 2013)等方面。但是成矿物质来源方面出现了单一深源(张强录等, 2012)和深源与地层多来源(唐朝永等, 2013; 解文敏和陈云华, 2015)的争论。由此也形成了矿床成因存在中温热液—构造脉状型(唐朝永等, 2013)、矽卡岩型(杨梧, 2015)、高温岩浆热液充填型(解文敏和陈云华, 2015)3 种类型的不同认识。

尽管前人对虎形山钨矿有了一定程度的研究, 但是这些研究主要集中在矿床地质特征、成岩成矿年代和成矿物质来源等方面, 并且研究比较零散, 不够系统。仍然存在以下科学问题尚未解决:

(1)虎形山矿床成岩、成矿年代尚未有人进行研究。开展矿床的成岩、成矿年代研究对于精准厘定矿床形成年代和矿床成因具有重要的意义, 并且, 虎形山矿床是江南造山带西段首次发现的大型钨多金属矿床, 成岩、成矿年代学研究对于整个江南造山带钨矿研究也具有重要的意义。

(2)前人对于虎形山矿床在成因方面研究不够深入。前人重点侧重对矿床地质特征和矿体特征的研究。但对于成矿物质来源分析, 成矿规律和成矿模式方面缺乏研究, 需要开展同位素地球化学示踪分析成矿物质、成矿流体来源, 结合成矿地球化学分析总结归纳矿床成因, 进而建立成矿模式。

(3)矿床形成的成矿流体演化与成矿机制缺乏研究。虎形山矿床成矿作用与区内岩浆热液活动相关, 开展成矿流体研究对于精细解剖虎形山矿床成矿过程具有重要的意义。

基于上述存在的科学问题, 本次研究通过调查矿区地质特征, 开展隐伏花岗岩体和含钨云英岩控白钨矿钻芯样品的矿物学、地球化学和同位素组成研究。开展石英 Rb-Sr 和锆石 U-Pb 年龄, 以及全岩常量、微量元素、Sr-Nd 同位素数据和锆石 Lu-Hf 同位素组成的研究, 以揭示成矿时间、岩浆演化和矿区钨成矿之间的可能关系, 最后归纳总结矿床成因和成矿模式, 为矿区下一步找矿勘查提供科学依据。

1.4 研究思路和内容、研究方法及工作量

1.4.1 研究思路及内容

1. 研究思路

本书主要研究以江南造山带北缘虎形山矿区新发现的隐伏花岗岩岩体以及钨多金属矿脉及围岩作为研究对象，进行了较为详细的野外地质调查和岩相学、元素地球化学、LA-ICP-MS 锆石 U-Pb 年代学、全岩 Sr-Nd 同位素组成以及锆石的原位 LA-MC-ICP-MS Hf 同位素组成、矿物的 EPMA 元素组成的研究；以石英 Rb-Sr 等时线测年等分析手段，对岩浆岩的形成时代、物质来源和成因机制进行分析研究，对成矿物质形成时代、矿化元素来源以及矿化与花岗岩岩浆的关系进行了深入的研究，对这些岩浆岩形成的构造背景和深部动力学过程也进行了初步的研究。

2. 研究内容

本文以虎形山钨多金属矿床为研究对象，在充分整理及总结前人研究成果的基础上，从以下 4 个方面开展研究。

(1)在全面收集研究区资料的基础上，通过野外地质考察，查明虎形山矿床区域地质背景、矿床地质特征、蚀变矿化类型等，精细划分矿石矿物和脉石矿物；开展岩相学和矿相学观察，查明矿体和矿石特征，精确划分矿物组合与成矿阶段，为开展矿床成因研究奠定基础。

(2)对深部首次发现的隐伏花岗岩岩体开展系统的岩相学与岩石地球化学研究，进行锆石 U-Pb 定年测试、锆石 Hf 同位素测试、花岗岩主量元素及微量元素测试分析，确定成岩时代、构造背景与岩石成因；开展石英 Rb-Sr 等时线定年分析，确定成矿时代，建立深部岩体与浅部钨矿化的关系。

(3)开展白钨矿电子探针及石英流体包裹体显微测温分析，确定成矿的物理化学条件，分析白钨矿成因及演化机制，解析矿床成因；进一步探讨成矿物质来源和成矿作用过程，总结成矿规律，建立成矿模式。

（4）以建立的矿床成因模型为指导，开展地球化学原生晕找矿示范研究，建立地球化学找矿模型，精确划分找矿标志，圈定找矿靶区，指导找矿勘探。

1.4.2　研究方法及完成工作量

本次工作在深入研究虎形山钨多金属矿野外地质特征的基础上，针对以往研究存在的关键科学问题，系统收集与矿区和区域上典型钨矿床有关的资料和数据，并对所获数据进行整理，制订详细的研究计划。通过采用锆石 U-Pb 定年、石英 Rb-Sr 定年、岩石地球化学、稳定同位素地球化学、白钨矿原位微区分析、流体包裹体分析等多种研究方法和先进测试技术，系统研究成岩成矿时代、岩石成因和成矿动力学背景、成矿流体性质及来源、成矿物质来源等科学问题，最终确定矿床成因及成矿机制，构建成矿模型，进行成矿预测，为虎形山地区进一步地质勘查找矿提供地质依据。详细的研究方法如图 1-4 所示。

（1）野外地质调查。查明虎形山钨矿矿体产状和展布，隐伏岩体的赋存位置及岩性，以及岩体中是否存在热液蚀变和矿化。对野外的地质界线、构造、围岩蚀变、矿化情况进行详细的记录和拍照，对典型的坑道和钻孔进行详细的地质编录并系统采集后续实验所需的岩矿石样品，对每一件岩矿石样品进行详细描述并拍照记录，方便后续查找。

（2）岩矿鉴定。采用光学显微镜、阴极发光、透射电镜、电子探针、X 射线衍射等技术，研究矿石矿物和脉石矿物的矿物组成、显微结构、赋存状态及其相互关系，确定岩/矿石微观特征，划分成矿阶段和期次。在观察过程中，及时在光薄片/探针片上用油性笔将典型和重要的微观现象圈出，方便做实验时候快速寻找。

（3）成矿岩体岩石成因解剖。开展 LA-ICP-MS 锆石 U-Pb 定年，厘定成矿岩体成岩时代；开展全岩主微量元素组成分析，确定岩石成因类型，查明岩浆演化分异作用过程；通过 TIMS 全岩 Sr-Nd 同位素组成测试，确定岩浆来源。利用 LA-ICP-MS 技术开展锆石 Hf 同位素测试，结合 Sr-Nd 同位素组成分析确定岩浆起源与演化过程。

（4）成矿时代与物理化学条件。对含矿石英开展流体包裹体 Rb-Sr 定年分析，确定虎形山钨矿成矿时代。对石英流体包裹体进行显微测温，分析和推断成矿流体温度、压力、密度、盐度等参数，确定成矿流体的物理化学条件，推算成矿深度。

（5）总结成矿规律，确定矿床成因和成矿机制，建立矿床模型。

（6）建立地质地球化学找矿模型，建立虎形山钨矿床地球化学异常综合模式。确定地层、构造、岩浆岩、围岩蚀变与化探异常结合的五位一体的综合找矿标志。根据原生晕分带特征在矿区外围、深部圈定找矿靶区。

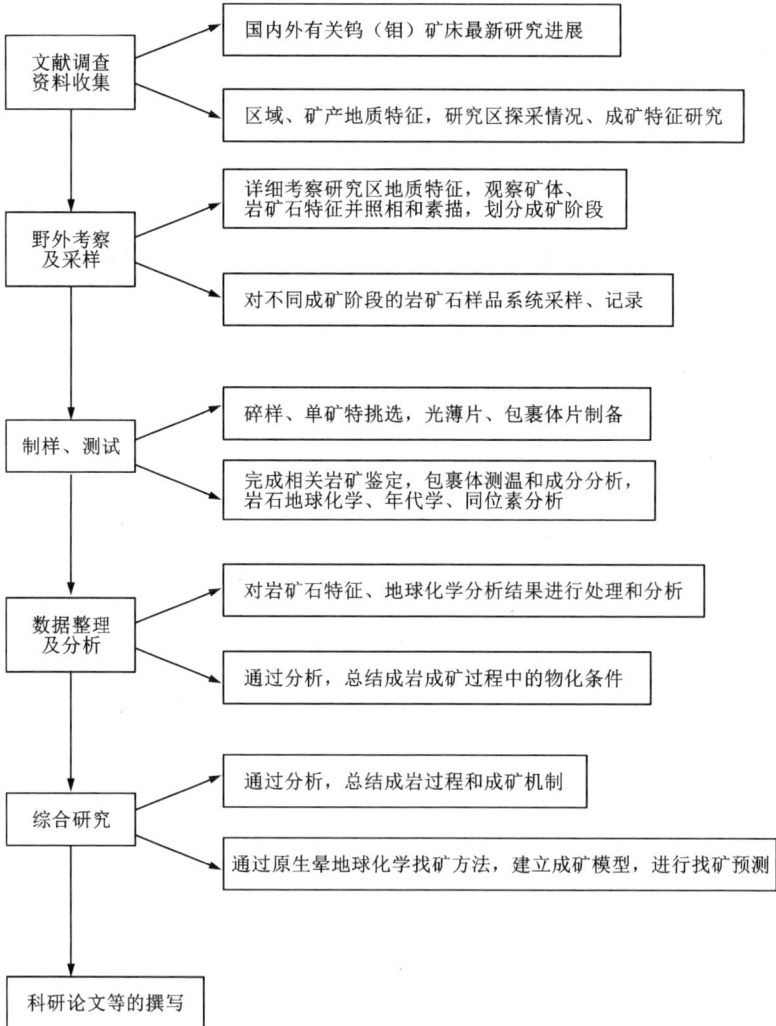

图 1-4 技术路线图

已完成的工作量见表 1-1。

表 1-1 湘东北虎形山钨矿完成工作量表

序号	工作项目	单位	设计工作量	完成工作量
1	资料与文献收集	份	300	380
2	薄片磨制与鉴定	片	180	189
3	光片磨制与鉴定	片	20	21
4	流体包裹体片磨制	件	40	42
5	流体包裹体测试	件	40	42
6	主微量元素分析	件	8	8
7	锆石 U-Pb 定年测试	点	60	60
8	锆石 Hf 同位素测试	点	60	60
9	石英 Rb-Sr 同位素定年	件	19	19
10	钻孔原生晕化探采样	件	1500	1800
11	化探样品测试（12 元素）	件	1500	1800

1.5 研究成果及创新点

1.5.1 取得的主要研究成果

本书通过对虎形山钨多金属矿区地质背景、年代学的分析和采用同位素、岩石地球化学、成矿流体等方法对虎形山钨多金属矿矿床成因、成矿规律等进行了系统研究，进一步对区内找矿前景进行预测。取得的新认识主要有：

（1）划分了矿区钨多金属成矿作用的 3 个成矿期：矽卡岩期、热液硫化物期和表生作用期，其中热液硫化物期又细分为 4 个阶段：石英粗脉阶段、云英岩—钨矿阶段、云英岩脉（石英脉）—钨金属阶段和石英—萤石脉黄铁矿阶段。

（2）明确了矿区花岗岩和矿体形成时代和关系。虎形山矿床隐伏花岗岩锆石 U-Pb 年龄为（137.8±0.5）Ma，与钨矿石石英颗粒中流体包裹体 Rb-Sr 等时线年龄（134±2）Ma 基本一致。

（3）分析了矿区花岗岩的成因。锆石 Hf 同位素和 Sr-Nd 同位素研究表明，矿区内花岗岩源自壳源成因。花岗岩主量元素 $w(K_2O+Na_2O)/w(CaO)$ 比较低，A/CNK 比值高于 1.1，P_2O_5 质量分数非常低（<0.1%），稀土元素（REE）质量分数相对较低，为 59~131 mg/g，具有强烈的负 Eu 异常，微量元素 Rb、U 和 Pb 显著富集而重稀土、Ti 和 P 强烈亏损的特征，表明矿区花岗岩为过铝质 S 型花岗岩。

（4）查明了矿区成矿物质来源。矿区新元古界冷家溪群地层中 W 元素质量分数为 5.90~1246 mg/g，是平均地壳 W 元素（1.0 mg/g）质量分数的上千倍，花岗岩中钨元素质量分数最高达 333 mg/g，表明冷家溪地层和花岗岩是钨矿形成重要的物质来源。

（5）查明了矿区主成矿阶段钨矿沉淀有利的温度、盐度区间。Ⅱ阶段包裹体均一温度和盐度分别为 167~302℃ 和 4.55%~7.96%，Ⅲ阶段包裹体均一温度和盐度分别为 191~365℃ 和 2.47%~5.62%；均一温度代表成矿流体温度下限值，从而反映出主成矿阶段钨金属成矿阶段成矿流体温度较高，表明主成矿Ⅱ、Ⅲ阶段钨多金属成矿流体为中高温流体，中高温是矿区钨多金属沉淀成矿主要的温度区间；成矿流体总体表现为低盐度的特征。

（6）总结归纳了矿床成因及成矿作用，建立了矿床成矿模式。应用原生晕地球化学找矿预测方法对虎形山矿区进行成矿预测。构建了地球化学找矿异常模型，矿区内圈定了找矿预测区 4 处。

1.5.2 创新点

（1）首次将矿区成矿划分为 3 个期次，认为热液硫化物期Ⅱ阶段和Ⅲ阶段是矿区钨多金属成矿主要阶段。

（2）以矿区首次发现的隐伏岩体（埋深大于 1000 m）和钻孔中含钨石英脉为对象，精准厘定了矿区花岗岩成岩时代、成矿时代，提出了矿区钨矿成矿作用与新发现隐伏岩体密切相关的新认识；查明了矿区内花岗岩源自壳源成因（Hf 同位素和 Sr-Nd 同位素证据）。

（3）查明了矿区成矿物质来源为冷家溪地层和花岗岩。查明了主成矿Ⅱ、Ⅲ阶段包裹体均一温度和盐度，反映了矿区钨矿成矿流体有利区间为中高温、低盐度条件。

（4）虎形山钨多金属矿床是在江南造山带西段首次新发现的大型钨矿床，该矿床的发现拓展了江南造山带钨多金属矿成矿空间新认识（向西拓展了近

100 km)，提示出西段同样具备钨多金属成矿的巨大潜力，对该区域勘查工作具有指示意义。

（5）在矿区内圈定了找矿预测区 4 处，为区内钨多金属矿找矿勘查提供了新的思路和方向。

第 2 章

区域成矿地质背景

研究区区域范围包括湘东北成矿带北东端,即岳阳市以北、长江以东的湖南省境内。从成矿域的范围来看,研究区处于华南成矿域与扬子成矿域的交接部位(翟裕生等,1999)。

2.1 区域大地构造背景

研究区大地构造处于中下扬子地块东南缘中的江南古陆隆起区的北部(图2-1),这一区域经历了武陵运动、雪峰运动、加里东运动、印支运动、燕山运动及喜山运动等多期次构造运动,在区内留下了变形程度、变形方式和变形特征各异的构造形迹,形成了区内断层走向及褶皱轴向近东西向组与北东向组两组构造形迹相互交错的构造形态。且前组构造特征以压性为主,后组构造以压扭性为主,后组切割前组,说明近东西向构造为早期,北东向构造为相对晚期(Xu et al.,2020)。

扬子地块和华夏地块是两个主要的前寒武纪地块,它们在最早的新元古代造山事件之前合并形成统一的华南地块(970~890 Ma; Li et al.,2009)。华南古太古代地层主要分布在扬子地块,但华夏地块仅在中部可见。元古宙基底岩石广泛分布于中国南方,由于825 Ma左右新元古代超大陆Rodinia的破裂,形成了广泛的岩浆作用(Li et al.,2008)。此后,扬子地块与华南地块分离,逐渐形成一系列新元古代裂谷盆地(Yao et al.,2012)。华南新元古代的地壳生长和重建运动时期被记录为包含大量岩浆岩,并导致江南地块的形成(Jiang et al.,2011)。此后,扬子地块发育了连续的早寒武世地层,代表了浅海沉积环境(Yao et al.,2012)。晚

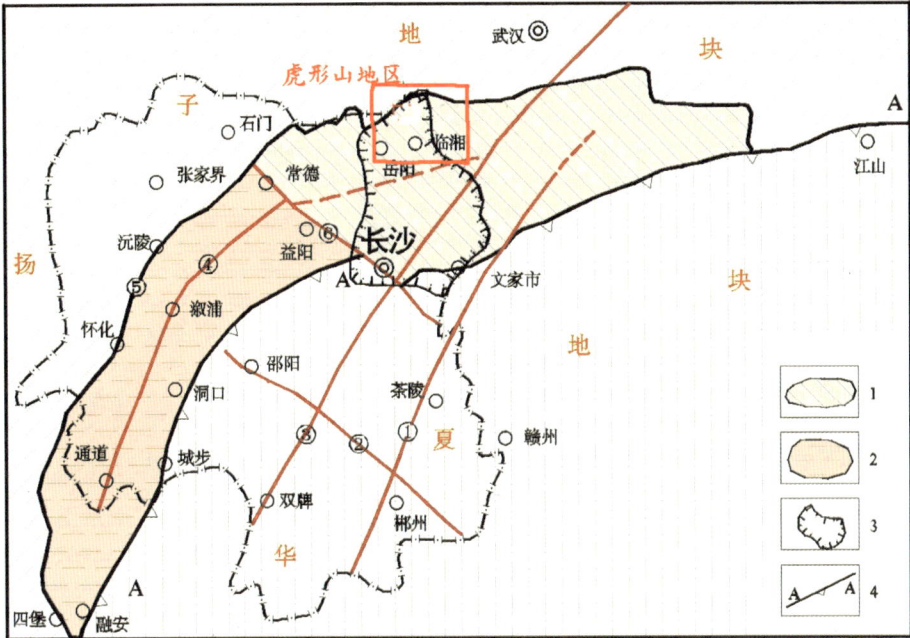

1. 江南古陆；2. 雪峰古陆；3. 湘东北；4. 江山—文家市碰撞缝合带；

①茶陵—临武断裂；②邵阳—郴州断裂；③长寿街—双牌断裂；

④溆浦—通道断裂；⑤怀化—沅陵断裂；⑥常德—长沙转换断裂。

图 2-1　湘东北大地构造背景略图

奥陶世和志留纪期间的加里东板块内造山运动导致了陆内区域的相关变形和岩浆作用(Yao et al., 2012)。早二叠世至晚白垩世，古太平洋板块俯冲产生了强烈的岩浆活动，导致了大规模的成矿事件，这些事件在空间和时间上都与广泛的岩浆作用密切相关(Li and Jiang, 2014; Zhou et al., 2006)。

　　虎形山钨多金属矿床位于湘东北扬子地块(图 2-2)。江南地块保存了一系列人陆火山岩和混合复埋石建造，命名为冷家溪群，记录了该地区早新元古代武陵(或四宝)造山事件期间的构造热活动(Shu, 2012)。该过程涉及冷家溪群南北走向的挤压和众多挤压造山褶皱带的形成(825~970 Ma; Yao et al., 2012)。湖南板溪群碎屑沉积岩是大陆裂谷作用(南华裂谷)形成的(王丽，2003)。板溪群主要由中新元古代变质沉积物(750~820 Ma)组成，不整合地覆盖在冷家溪群之上(Xu et al., 2017)，从而记录了新元古代扬子地块和华夏地

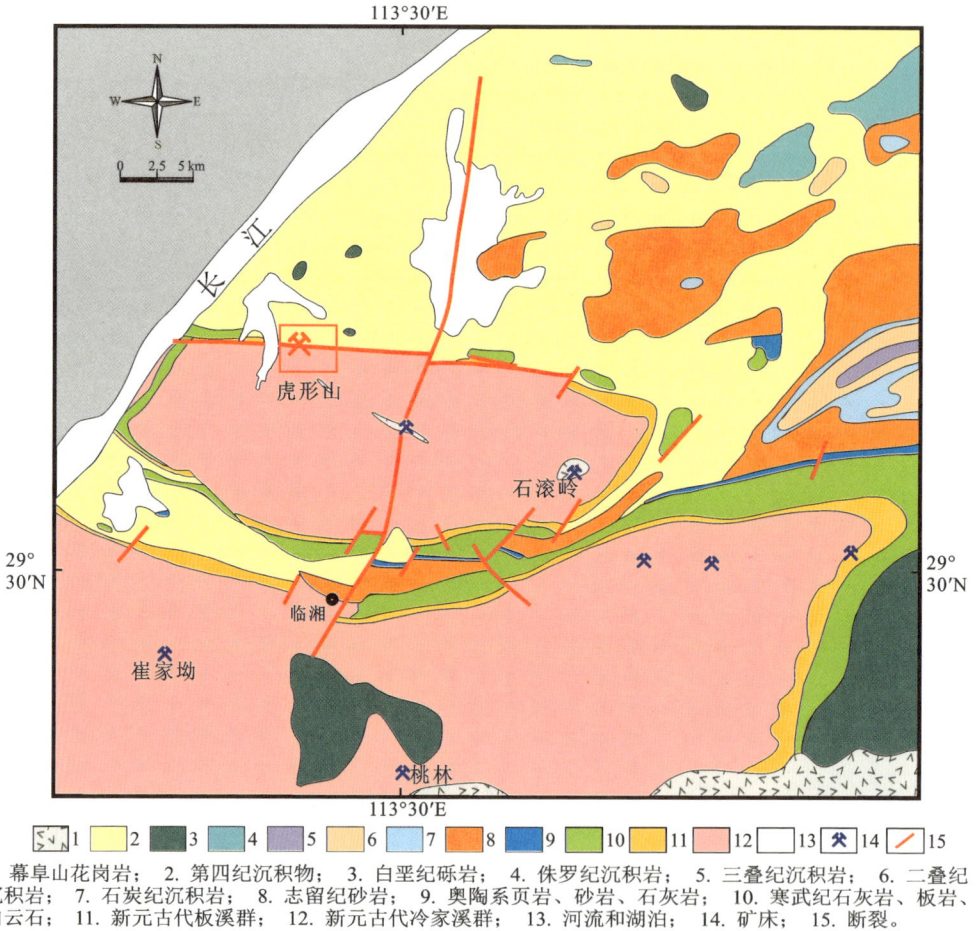

1. 幕阜山花岗岩；　2. 第四纪沉积物；　3. 白垩纪砾岩；　4. 侏罗纪沉积岩；　5. 三叠纪沉积岩；　6. 二叠纪沉积岩；　7. 石炭纪沉积岩；　8. 志留纪砂岩；　9. 奥陶系页岩、砂岩、石灰岩；　10. 寒武纪石灰岩、板岩、白云石；　11. 新元古代板溪群；　12. 新元古代冷家溪群；　13. 河流和湖泊；　14. 矿床；　15. 断裂。

图 2-2　湘东北幕阜山西缘区域地质简图

块之间的碰撞(Zhao，2015)。由于印支期岩浆活动从边缘向板内迁移，区域褶皱和剪切变形在前三叠世地层中广泛存在，并伴随着一系列逆冲断层(Chen and Jahn，1998)。广泛的变质作用和岩浆作用以及陆内隆起和凹陷是这一时期的特征，而一系列逆冲推覆构造和 NEE 走向褶皱则表现为盆地和穹隆构造(Chu et al.，2012)。在中侏罗世至白垩纪期间，广泛的岩浆作用以及众多拉张裂谷盆地受整体伸展环境控制(Li et al.，2014；Zhou et al.，2006)。所谓的中国东南盆山构造表现为若干穹隆构造和许多通常受正断层控制的伸展盆地的发育(Li et al.，2014)。湘北地区已发现一系列北北东向走滑深断裂，代表了东南—西北向压应力场的发育(Xu et al.，2017)。晚侏罗世至早白垩世花岗岩侵入体(即幕阜山杂岩)侵位于中国中南部雪峰山—九岭带东北—西南走向的中段。

2.2　区域地层

根据最新划分标准，区内主要地层有中元古代长城系、新元古代南华系、震旦系、古生代寒武系、奥陶系、志留系、中生代白垩系及新生代第四系。其中中元古代长城系分布面积广，占区域总面积的 60% 左右；南华—志留系分布在中部临湘羊楼司、赵李桥一带，北部儒溪、源潭、定湖一带断续分布，露头较差，占研究区面积的 10% 左右，其他被白垩系—第四系掩盖，占研究区面积的 30% 以上。地层总厚度 12500 余米，共建立岩石地层单位 27 个(表 2-1)。

表 2-1　岩石地层单位划分及划分沿革表

年代地层			岩石地层单位				1:20 万蒲圻幅
界	系	统	群	组	代号	厚度/m	
新生界	第四系	全新统		残坡积层	Q^{esl}	1~15	全新统
				千山红组	Qhq	>3.2	
		更新统		白水江组	Qpbs	>1.8	更新统
				白沙井组	Qpb	4.6~7.9	
中生界	白垩系	上统		百花亭组	K_2b	266.8	上统

续表2-1

年代地层			岩石地层单位				1:20万蒲圻幅
界	系	统	群	组	代号	厚度/m	
古生界	志留系	下统		新滩组	S_1x	909.7	高家边群
	奥陶系	上统		龙马溪组	OSl	17.2	中上统
		中统		宝塔组	O_2b	57.1	
				牯牛潭组	O_2g	15.5	
		下统		大湾组	O_1d	75.6	下统
				红花园组	O_1h	251.2	
				桐梓组	O_1t	234.3	
	寒武系	上统		娄山关组	$\mathfrak{C}_3l$	640.4	娄山关群
		中统		高台组	$\mathfrak{C}_2g$	92.0	高台组
				清虚洞组	$\mathfrak{C}_1q$	155.3	清虚洞组
		下统		石牌组	$\mathfrak{C}_1s$	103.9	五里牌组
				牛蹄塘组	$\mathfrak{C}_1n$	115.0~446.2	羊楼司组
新元古界	震旦系	上统		留茶坡组	Z_2l	72.7	震旦纪灯影组
		下统		金家洞组	Z_1j	12.8~28.0	震旦纪陡山沱组
	南华系	上统		南沱组	Nh_2n	28.2~32.7	震旦纪南沱组
		下统		大塘坡组	Nh_1d	6.3~18.4	震旦纪大塘坡组
				富禄组	Nh_1f	161.6~167.9	陆城组
新元古界	中元古代长城系	上统	冷家溪群	大药姑组	Jx_2d	730.2	大药姑组
				小木坪组	Jx_2x	926.5~1283.0	崔家坳组
		下统		黄浒洞组	Jx_1h	2959.1	
				雷神庙组	Chl	752.4~1534.7	易家桥上段
				易家桥组	Chy	1454.6	易家桥中下段

1. 中元古代长城系（Ch）

区内可见中元古代长城系冷家溪群易家桥组（Chy）、雷神庙组（Chl）、黄浒洞组（Jx_1h）、小木坪组（Jx_2x）和大药姑组（Jx_2d）。易家桥组大面积分布在虎形山。

张家冲—万峰桥一带，构成了关山街倒转背斜的核部，该组位于雷神庙组之下，为一套绿泥石千枚岩、绢云千枚岩夹凝灰岩、凝灰质千枚岩；雷神庙组主要分布于儒溪—聂市—易家桥一带，为构成官田畈—聂市—易家桥—万峰山背斜的翼部地层，其上部为浅变质凝灰岩、晶屑岩屑凝灰岩、晶屑岩屑火山凝灰岩夹泥板岩与粉砂质板岩；下部灰色、灰绿色薄—中层状板岩、条带板岩、粉砂质板岩为主夹少量浅变质粉砂岩、砂质粉砂岩。

黄浒洞组主要呈近东西向分布于长炼—甘港山及五尖山林场—文白—龙源、石湾水库—忠防茶场—小药姑山一带，上部为中厚层状、块状细中粒岩屑杂砂岩，岩屑石英杂砂岩，凝灰质砂岩与中厚层状条带板岩，粉砂质板岩构成的旋回式韵律层系；中部为中层状砂质板岩、粉砂质板岩夹薄—中层状细粒岩屑杂砂岩与石英杂砂岩；下部为厚层状浅变质岩屑杂砂岩、砂质粉砂岩。小木坪组主要呈近东西向分布在临湘向斜南部的云溪—石湾水库—九宿山林场—壁山一带，构成云溪大药姑复式向斜的核部，为一套薄—中层状条带状板岩、条带状粉砂质板岩为主间夹少量浅变质薄—中层状浅变质砂质粉砂岩。大药姑组指覆于小木坪组之上的一套浅变质砾岩、岩屑杂砂岩与板岩构成的多个韵律层序，近东西向分布于大药姑—四屋—张家坪一带。

2. 南华系(Nh)

地层呈东西向分布在区内中部陆城—五里牌—赵李桥一带，北部定湖一带有零星分布，由下而上分为富禄组、大塘坡组、南沱组。富禄组与前南华系地层呈角度不整合接触，岩性主要为石英砂岩和石英砾岩；大塘坡组在区内变化较大，在临湘向斜南部为一套青灰色条带状板岩夹锰矿层，在临湘向斜北部的桐梓铺一带为一套粉砂质板岩、粉砂岩夹富含火山碎屑物质的凝灰质板岩、凝灰岩；南沱组与下伏大塘坡组呈超覆不整合(假整合)接触，为一套灰绿色块状变余冰碛杂砾岩、泥砾岩与含砾长石石英杂砂岩，最大厚 32.7 m。

3. 震旦系(Z)

地层呈东西向分布于陆城—五里牌—赵李桥一带，在定湖一带零星分布，构成临湘向斜的翼部地层，由下而上划分为金家洞组与留茶坡组。金家洞组为一套深灰、黑色含硅质炭质板岩、炭质板岩、硅质板岩，局部夹似层状—透镜状白云岩。留茶坡组下部为灰黑色硅质岩、条纹状硅质岩夹极薄的纹层状白云岩，中部为灰黑色—灰绿色硅质板岩夹硅质岩，上部为灰黑色硅质岩。

4. 寒武系(∈)

主要分布在虎形山—同德桥路口铺—临湘市—羊楼司一带,自下而上划分为牛蹄塘组、石牌组、清虚洞组、高台组、娄山关组。岩石风化较强,大多岩组出露不全。牛蹄塘组主要由炭泥质沉积物组成,主要为炭质板岩夹泥岩、硅质板岩夹高炭质板岩与石煤层;石牌组主要为粉砂质板岩、钙质板岩,夹似层状—透镜状灰岩或砂质团块;清虚洞组为厚层状粉晶灰岩、云质灰岩,青灰色含钙质粉砂页岩;高台组与娄山关组仅在临湘向斜核部零星出露,多被残坡积层或第四系掩盖,前者主要为白云岩,后者主要为灰岩与白云岩。

5. 奥陶系(O)

主要分布在路口铺—临湘市—羊楼司—羊楼洞一带,大部被第四系掩盖。为一套灰岩、泥质条带灰岩、瘤状龟裂纹灰岩、泥质和硅质板岩等浅海碳酸盐沉积,由下而上划分为桐梓组、红花园组、大湾组、牯牛潭组、宝塔组。

6. 志留系(S)

主要分布在临湘五里牌—羊楼司—赵李桥一带,构成临湘向斜的核部地层,出露有龙马溪组、新滩组。龙马溪组主要为浅变质炭泥质粉砂岩、薄层板岩和粉砂质炭质板岩;新滩组主要为板岩及浅变质细砂岩。

7. 白垩系(K)

仅出露白垩系百花亭组,角度不整合于前白垩系地层之上,主要分布在桃林一带,源潭一带有零星分布,为一套紫褐色、灰紫色厚层—块状砾岩。

8. 第四系(Q)

主要分布于黄盖湖—冶湖、洞庭湖—白泥湖—临湘一带,主要为更新统—全新统,划分为白沙井组、白水江组、千山红组及残积层4个岩石地层单位。主要岩性组合为黏土、粉砂质黏土、粉砂、砂砾石层,多含铁锰结核及薄膜。

中元古代长城系系易家桥组地层,为虎形山钨多金属矿较重要赋矿层位,张家冲铅锌矿点赋存于此层位中;丁家新屋钨矿点、梅池金锑矿化点等则赋存于雷神庙组。

中元古代长城系黄浒洞组、小木坪组和大药姑组地层中金的定量光谱分析显示，Au 含量一般为 $(7\sim25)\times10^{-9}$、平均为 19.46×10^{-9}，最高达 37.78×10^{-9}，远高于上地壳平均含量，为金矿的形成提供了丰富的物质来源，区内多处金矿（化）点，其围岩大多为黄浒洞组，临湘羊楼司冷脚下锑矿亦赋存于黄浒洞组。区内多处铌钽铍矿金矿（化）点赋存于小木坪组。

寒武系牛蹄塘组具饥饿盆地沉积特征，富含 Cr、Ni、V、Ag、Mo、Cu、Pb、Zn、Sb、U、P 等有用元素，是虎形山钨铍铅锌银铜钼铋金矿化的主要赋矿层位。

综上分析，研究区内生矿产与地层赋矿关系为：易家桥组与 W、Be、Mo、Bi、Cu、Pb、Zn、Ag 矿化有关；雷神庙组与 Au、Cu、Bi 矿化有关；黄浒洞组与 Au、Sb、Pb、Zn、Ag 萤石矿化有关；小木坪组与 Nb、Ta、Be、Au 矿化有关；牛蹄塘组与 Mo、Bi、Pb、Zn、Ag、Cu 矿化有关。

2.3　区域构造

2.3.1　区域断裂

区内断裂构造十分发育，不同方向构造形成切割、交叉关系。按构造展布方向大致可分为 NWW—EW 向、NW 向和 NE 向三组。NWW—EW 向断层与 NWW—EW 向倒转褶皱的轴线平行，总体表现为推覆挤压特征，是受南北向的挤压应力场作用形成，晚期在应力松弛的条件下表现为正断层性质。断层一般在武陵期初具雏形，定型于加里东期，大部分断裂至燕山期仍有继续活动的迹象。主要的区域性断层（图 2-3）简述如下。

F1：长江深大隐伏断裂带。

为一 NE 向的超岩石圈断裂，走向约 NE 45°，推测为压扭性质。区域重力布格异常反映此带为深部地幔隆起脊。此带地段与长江河道走向完全一致，东南侧有中元古代—古生代的地层出露，西北侧完全被第四系所覆盖。

F2：鸭栏—源潭—甘子园断裂。

该断裂发育在冷家溪群与南华—震旦—寒武—白垩系及古近系地层的接触界面，走向近 EW 向，倾向南，倾角 65°～80°，出露长大于 35 km，破碎带宽为

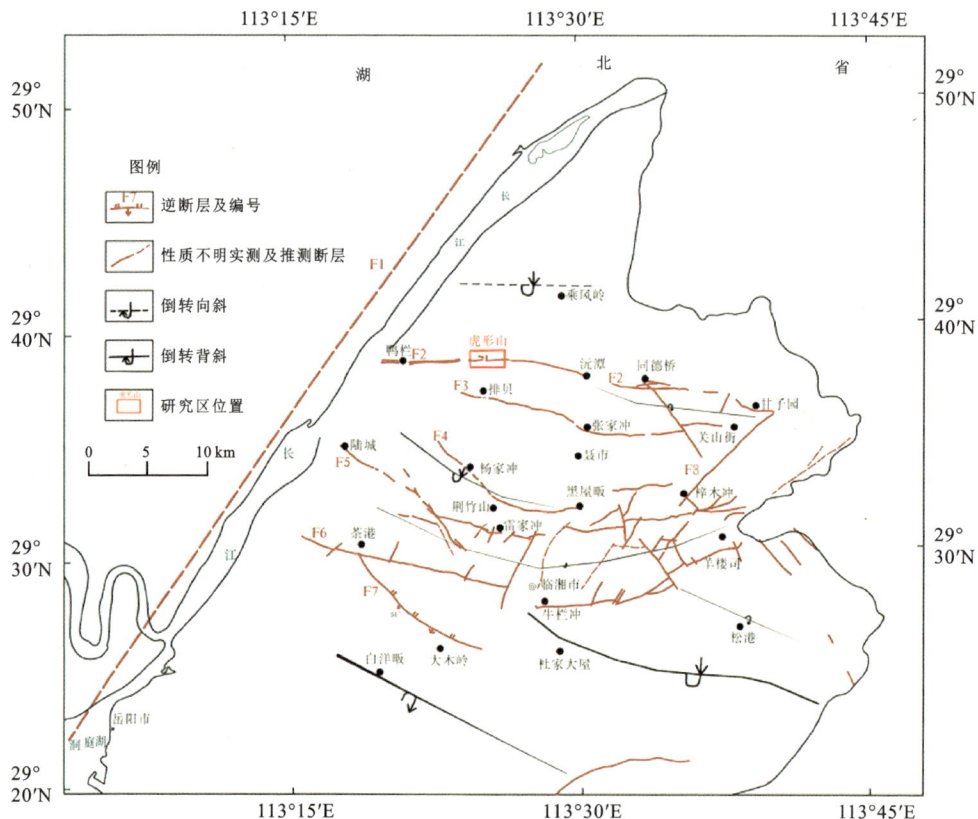

图 2-3 区域构造简图

(据湖南省有色地质勘查局二四七队，2011 年修编)

4~12 m，为上陡下缓的铲形推覆断层，断层角砾岩压碎、挤压现象明显，在陡倾斜部位，断层面紧闭，断层泥发育，断裂带及其旁侧次级裂隙相当发育，断裂带大部分被云英岩脉或石英脉充填，脉中含大量金属硫化物。断裂带为虎形山矿区主要的导矿和控矿构造，在虎形山矿区断裂下盘的围岩中见有花岗岩脉和闪长玢岩脉充填。往东还存在曹家和同德桥 2 个金矿化点，均产于此断裂带中或附近。

F3：关山街—张家冲—排贝韧性剪切带。

该断裂带近 EW 向，与地层走向稍微有交角，倾向南，倾角约 70°，延伸约 25 km。东段被北西向断层错切，中段张家冲附近靠剪切带上盘有沿地层走向充填的花岗斑岩脉2条以上，并在岩脉上盘的石英脉中见铅锌矿化。

F4：杨家冲—荆竹山—黑屋畈韧性剪切带。

此韧性剪切带发育于黄浒洞组地层中，走向与地层走向相近，西段走向 NWW300°左右，东段走向近 EW，延长 12 km 以上，南倾，倾角约80°，表现为压扭性，主要为板岩层间挤压破碎，厚 1~20 m 不等，充填石英脉透镜体。

F5：陆城—雷家冲—赵李桥断裂。

此断裂为临湘向斜北翼与基底隆起区的走向断层，走向近 EW 向，受临湘向斜影响，向南呈弧形突起，区内延长 45 km 以上。中段被多条 NW 向和 NE 向晚期断裂错切。断层产状南倾，倾角约70°，与上盘围岩产状近一致。断层为压扭性质，破碎带厚 1~10 m，其间为围岩破碎角砾，有后期石英脉充填胶结。其上盘围岩南华系陆城组的砂砾岩中分布有陆城、陀鹤山、雷家冲等沉积型铁锰矿床(点)，在下盘附近还分布有荆竹山、宋家桥、甘港桥等金矿化点。

F6：茶港—牛栏冲—羊楼司断裂。

此断裂为临湘向斜构造南翼与基底隆起区的走向断裂，走向近 EW 向，受临湘向斜影响，中部向南呈弧形突起，断裂延伸长 35 km 以上。沿走向被多条北东向和北西向后期断层错切。断裂性质为压扭性，产状南倾，倾角70°左右。其间为围岩挤压破碎，有后期石英脉充填胶结。

F7：茶港—大木岭—新田畈断裂。

此断裂发育于小木坪组中，为层间走向断裂，走向约 NW300°，延伸长 30 km 以上。断裂倾向 SW，倾角约50°。断裂性质为压扭性。此断裂向东南延伸可能至小药姑一带，此段上盘地层中分布有袁家山等四五处金和钨矿点。

F8：梓木冲—甘子园断层。

该断层南西起梓木冲，往北东方向至甘子园，全长约 10 km，断层走向近 NE 向，总体产状为150°∠80°，总体表现为脆性碎裂特征。

2.3.2 区域褶皱

区内褶皱较为发育，主要为线状褶皱，少量为短轴状褶皱。褶皱走向主要有 NWW-NW 向和近 SN 向 2 组。从北至南褶皱(图 2-3)特征简述如下。

1. 乘风岭倒转向斜

乘风岭倒转向斜为加里东至燕山期活动产物，褶皱轴走向近 EW 向，轴面倾向南,倾角约 60°。向斜核部由高家边组地层构成,仅在南翼有少量寒武系或震旦系地层出露,大部分被第四系和白垩系地层覆盖。南部与前震旦系褶皱基底断层(F2)接触。此向斜为虎形山钨铍矿的控矿构造。

2. 关山街倒转背斜

关山街倒转背斜为区内基底层褶皱构造,褶皱轴走向约 NWW290°,向NNW 端倾伏,轴面南倾,倾角约 50°。核部地层为中元古代长城系易家桥组,翼部地层为中元古代长城系雷神庙组。由于受 F2 断层切割,北翼出露不全。东端被 F8 北东向断层破坏。

3. 荆竹山倒转向斜

荆竹山倒转向斜为区内基底层褶皱构造,褶皱轴走向约 NWW290°,向南东东端扬起,轴面南倾,倾角约 70°。核部地层为中元古代长城系黄浒洞组,褶皱导致该层位出露厚度加倍;翼部地层为中元古代长城系雷神庙组。由于受F4 断层切割,南翼出露不全。

4. 松港倒转背斜

松港倒转背斜为区内基底层褶皱构造,褶皱轴走向约 NWW300°,轴面南倾,倾角 45°左右。核部地层为中元古代长城系黄浒洞组,翼部为中元古代长城系小木坪组。

5. 杜家大屋倒转向斜

杜家大屋倒转向斜为区内基底层褶皱构造,褶皱轴走向约 NWW300°,向南东东端倾伏,轴面南倾,倾角约 45°。核部地层为中元古代长城系大药姑组,翼部为中元古代长城系小木坪组。

6. 白洋畈倒转背斜

白洋畈倒转背斜为区内基底层褶皱构造,褶皱轴走向约 NWW300°,轴面南倾,倾角约 70°。核部地层为中元古代长城系黄浒洞组,翼部为中元古代长城系小木坪组。该背核核部地层中分布有崔家坳、桃林、江家坨等一系列钨、铅锌、金、铌钽铍等多金属矿床(点)。

2.3.3　区域构造演化特征

区域经历了 4 个大的构造时期,即中元古代后的武陵运动、新元古代的雪峰—加里东运动、古生代—中生代的印支—燕山运动、新生代的喜山运动。侏罗纪早中世由于地壳板块边缘的碰撞挤压,大量中酸性岩浆的侵入产生相关的内生多金属成矿作用,因而内生金属矿的成矿主要与中生代燕山运动有关。区域构造演化过程描述如下(演化历史进程见图 2-4,变形序次见表 2-2)。

武陵期,在近南北向挤压应力场作用下形成最早的变形序列,呈近东西向紧密线状褶皱,其轴面 S1 劈理发育。随着变形构造的发展,以 S1 为变形面的膝折、柔褶及韧性剪切带发育。岩石普遍经受区域浅变质,形成褶皱基底。

雪峰—加里东期,在近南北向挤压应力场作用下,形成东西向中常型线状临湘向斜。随着递进变形的发展,受近东西向隆起的刚性基底阻挡,褶皱向东凸起,形成了弧形构造带。随后由于深部岩浆的侵入及地幔上隆导致了热状态失稳和地壳重力的不稳定性,区域构造应力场由挤压体制向伸展体制转变,位于褶皱基底之上的盖层沿软弱面发生伸展折离,形成基底与盖层的正断层体系。

印支—燕山早期,应力场性质发生了较大的变化,其主应力方向表现为近 EW 向,在近 EW 向挤压应力场作用下,区域上表现出晚期劈理面(S2)切割早期劈理面(S1),且两期劈理面成垂直相交状,切割应力作用表现出东强西弱的特点。最终形成断裂,使先存 NNW 向断裂发生逆冲兼左行平移活化,推覆构造初具规模;构造区域内形成 NW 向左行和 NE 向右行共轭断裂体系,使本区主体构造格架定型。燕山中期末,应力松弛,地幔上隆,地壳伸展折离,区域上 NE 向盆岭构造格局趋于完整,盆缘控盆断裂及盆内基底断裂张性滑移,形成垒堑相间的格局,控制了白垩纪拗陷盆地的沉积,区内红色盆地基本成型,接受红色碎屑沉积。

喜山期,地壳运动方式以垂向差异升降为主,区内表现为整体抬升,各地块之间则为不均衡隆升,形成洞庭湖构造盆地的现代地貌。

(a)武陵运动之前

(b)雪峰—加里东运动阶段

(c)印支—燕山—喜山运动阶段

1	2	3	4	5	6

1.结晶基底　2.变质褶皱基底　3.碎屑岩沉积　4.碳酸盐岩沉积　5.岩浆岩侵入　6.断层

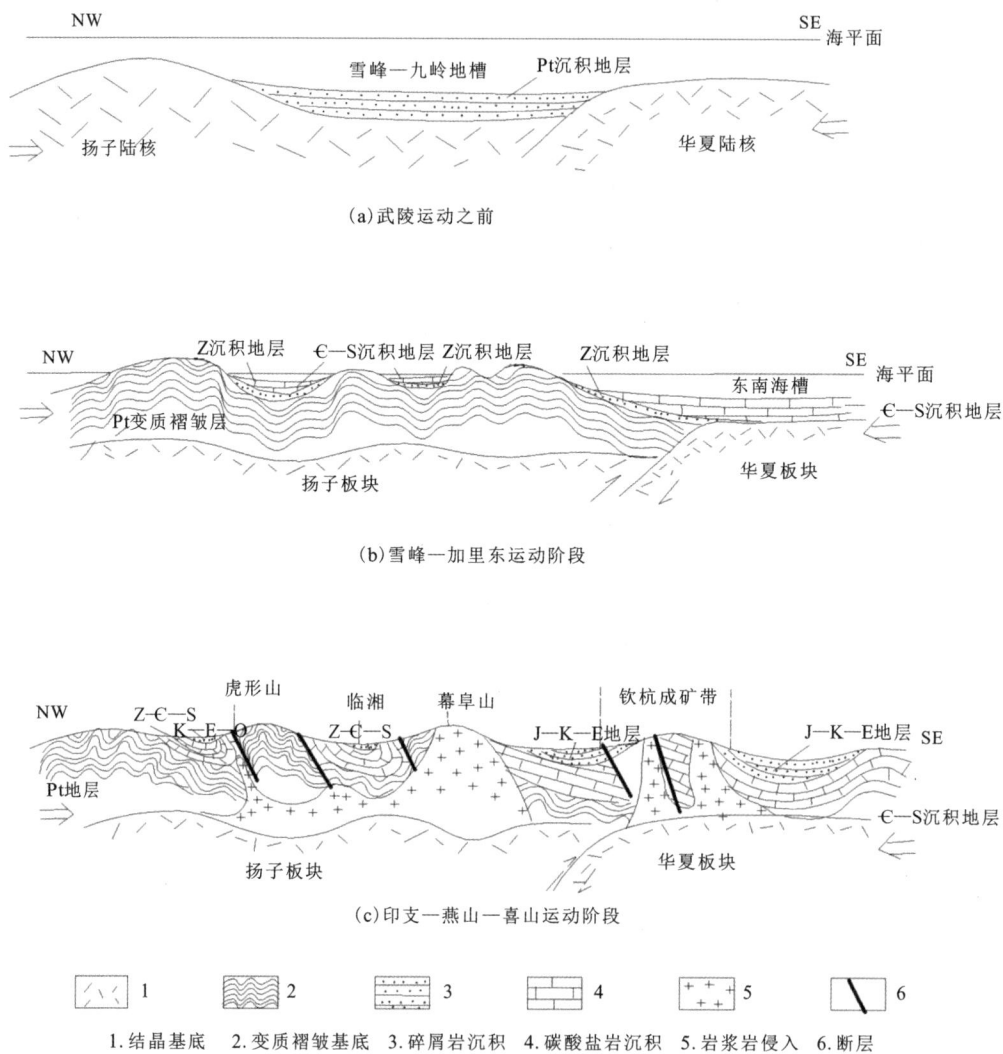

图2-4　区域地质构造历史演化示意图

(据湖南省地质矿产局，1988)

表 2-2 构造变形序列表

时代		变形序列	主要构造形迹	地壳运动	岩浆活动	浅变质作用	构造体制
新生代	Q	D9	断块升降，形成第四系阶地	喜山运动			差异性隆升
中生代	K	D8	盆缘断裂形成及盆内基底断裂张性活化、白垩纪构造盆地形成	印支—燕山运动	热液流体活动、蚀变		EW 向拉伸
		D7	北东向右行走滑断层形成				EW 向挤压
		D6	北西向左行走滑断层形成				EW 向挤压
	J	D5	先成北北西向断层活化		花岗岩体大规模侵入定位		EW 向挤压
古生代	Є-S	D4	近东西向正断层形成	雪峰—加里东运动		极低级浅变质作用	近 SN 向伸展
新元古代	Z-Qb	D3	近东西向中常型线状向斜				近 SN 向挤压
中元古代	Jx-Ch	D2	北北西—北西向脆—韧性剪切断层	武陵运动	花岗闪长斑岩群侵入定位	低绿片岩相区域浅变质作用	近 SN 向挤压
		D1	近东西向紧密型倒转褶皱				

2.4 区域岩浆岩

区内岩浆岩不甚发育，出露岩体为幕阜山岩体北西部边缘部分，出露面积约 30 km²，分布于忠防—大坪茶场一带，岩体侵入于中元古代长城系浅变质岩系中，花岗岩形成于侏罗纪中、晚世，其中中侏罗世花岗岩发育 2 个侵入次（$\gamma\delta_5^{3a}$ 和 $\gamma\delta_5^{3b}$），晚侏罗世花岗岩发育 1 个侵入次（$\eta\gamma_5^{3c}$），不同期次花岗岩体具有同源岩浆演化特征。另外，区内尚零星出露多处中基性、酸性岩脉（墙），但面积不足 1.5 km²。

燕山晚期花岗岩：据岩石学特征和接触关系，可将区内花岗岩划分为 3 个侵入次（表 2-3），即燕山晚期第一次黑云母花岗闪长岩（$\gamma\delta_5^{3a}$）、燕山晚期第二次黑云母二长花岗岩（$\eta\gamma_5^{3b}$）和燕山晚期第三次细（中）粒黑（二）云母二长花岗岩（$\eta\gamma_5^{3c}$），各侵入次间界线清楚，可见较明显的侵入接触关系。

岩脉：区内岩脉较发育，大小岩脉及岩墙等出露近百处，多数相对集中成群成带分布，出露面积小，一般不足 1.5 km²，出露的岩脉类型有闪长岩（δ）、角闪辉长岩（$\psi\upsilon\nu$）、二长闪长岩（$\eta\delta$）、花岗闪长斑岩（$\gamma\delta\pi$）、花岗（斑）岩（γ）、花岗伟晶岩（$\gamma\rho$）、云煌岩（$\xi\chi$）、云斜煌斑岩（$\xi\delta\chi$）及石英脉（q）等。除马头岭花岗闪长斑岩呈岩墙出露面积较大近 1 km² 外，其余均以宽几十厘米至数米、长数十米至数百米者为主，少数宽十几米至近百米，长（0.3~5）km 不等。

表 2-3 岩浆岩划分一览表

时代	侵入次	代号	岩性	年龄/Ma	出露地区
晚侏罗世	第三次	$\eta\gamma_5^{3c}$	细（中）粒黑（二）云母二长花岗岩	K-Ar: 136	东冲—壁山
中侏罗世	第二次	$\eta\gamma_5^{3b}$	中粒斑状黑云母二长花岗岩		大坪—忠防
	第一次	$\gamma\delta_5^{3a}$	中细粒黑云母花岗闪长岩	Ar-Ar: 147.9±3.6	忠防
未划分时代的岩脉类		γ	花岗（斑）岩		大坪
		$\gamma\delta\pi$	花岗闪长斑岩		马头岭—忠防
		$\xi\chi$	云煌岩		漆坡
		$\xi\delta\chi$	云斜煌斑岩		漆坡—崔家坳
		$\eta\delta$	二长闪长岩		旺地坡
		δ	闪长岩		旺地坡
		$\psi\upsilon\nu$	角闪辉长岩		麦坡岭

2.5　区域地球物理特征

2.5.1　区域密度特征

(1)地层密度由新至老逐渐增大,可分为 4 个密度界面,即第四系与古近系之间、侏罗系与三叠系之间、泥盆系与志留系之间、震旦系与元古界之间(表 2-4)。

(2)地层密度受岩性的制约也明显,碳酸盐类岩石较碎屑岩类密度大。海西—印支构造层以碳酸盐建造为主,因此比加里东构造层和燕山构造层密度大(表 2-5)。

(3)花岗岩类岩石密度较之中生代以前岩层密度低,特别是与元古代古老的结晶基底之间存在更大更稳定的负剩余密度,随岩石基性成分的增加,岩石密度将逐渐增大(表 2-5)。

表 2-4　湘东北地区地层物性参数表

地层	$K/(4\pi\times10^{-6}SI)$	$\sigma/(g\cdot cm^{-3})$
第四系(Q)	0	2.22
第三系(E)	0~5	2.53
白垩系(K)	0~5	2.52
侏罗系(J)	0	2.56
三叠系(T)	0	2.69
二叠系(P)	5	2.64
石炭系(C)	0~10	2.72
泥盆系(D)	0~30	2.69
志留系(S)	0~5	2.63
奥陶系(O)	0~30	2.63
寒武系(∈)	0~30	2.59
震旦系(Z)	0~20	2.66
板溪群(Ptbn)	20	2.72
冷家溪群(Ptln)	30~200	2.72

注:K 为磁化年;σ 为密度。

表 2-5　湘东北地区岩性物性参数表

岩类	岩性	$K/(4\pi \times 10^{-6}SI)$	$J/(10^3 A \cdot m^{-1})$	$\sigma/(g \cdot cm^{-3})$
沉积变质岩	灰岩	0	0	2.71~2.76
	白云岩	0	0	2.74~2.8
	砂岩	0	0	2.55~2.71
	泥岩	0	0	2.53~2.64
	页岩	0	0	2.43~2.63
	板岩			2.55~2.69
	片岩	3643	1467	2.61
	硅质岩	490	1151	2.48
	矽卡岩	759	1050	3.28~3.74
	角岩	515	704	
	长石石英砂岩	600	402	2.57
	结晶灰岩	410	350	
	含铁板岩	1140~1830		
	含铁硅质板岩	1795	547	
	混合岩化角岩	150~250		
岩浆岩	花岗岩类	0~1630	0~412	2.61~2.65
	二长花岗岩	200		
	闪长岩类	689	1124	2.64~2.67
	玄武岩	3040	2237	2.68
	基性超基性岩	2080	1090	
矿石	钨铜矿石	1286	2365	
	铅锌矿石			3.32~4.55

注：J 为剩磁。

2.5.2　区域磁性特征

(1)除冷家溪群以外，各沉积岩层基本不具磁性或磁性很弱，但经历了热动力事件发生变质后，则可具有弱磁性或中强度磁性，盖层中这种磁异常是岩层变质和岩浆活动的磁记录。

（2）区域内岩浆岩磁性变化较大，基性超基性岩及闪长岩类等深源岩体常具有中强以上磁性，浅源的斜长花岗岩、二长花岗岩等则不具磁性或有弱磁性。

2.5.3　区域重力异常特征

1. 重力异常平面特征

图 2-5 为研究区布格重力异常图，数据来源于湘东北 1∶50 万重力测量成果。重力场值总体呈西、北高、东南低的宏观场值面貌，及局部穿插、扭曲、叠加、凹凸、圈闭的局部异常特征。

重力高异常区伸展、开阔，以北东向区带状为主要特征，最高值出现在湖北境内，约为 $2.0×10^{-5}$ m/s^2；重力低异常区异常圈闭、等值线扭曲、形变现象突出，局部地段表现为北东向区带状展布，具有与重力高异常相似韵律特征。布格重力最低值出现在幕阜山岩浆岩中部通城县附近，最低值低于 $-64.0×10^{-5}$ m/s^2，异常梯度表现出多重梯变特征，主要体现在异常中心部位的梯变带及与重力高异常的接触带，其梯变强度、梯度带方向均存在明显差异。

2. 重力异常地质因素提取

以往重力成果普遍认为，古元古界地层普遍发育，北东向基底上隆与基性岩侵入，后期北东向汨罗—湘阴断陷沉积，北东向望湘—幕阜山岩体突出，破坏原有均衡，形成了现在的密度不均匀分布现象及重力场特征。这些认识从宏观上诠释了重力场差异的成因，但并未对研究区内重力场地质因素做出系统评价。

图 2-5 所示重力异常反映的是基底及沉积层内后期各类地质构造体之间的密度差异，是多源重力场的迭加。如何提取地质构造体的信息，将重力异常转化为地质认知，在此次研究过程中进行了多方法试验，其中包括剩余重力异常提取、多方向导数求取、解析延拓、垂向求导等，各种方法都能从不同角度反映地质体特征，但通过对比分析，认为提取信息较全面的是垂向二阶导数，求导公式如下：

$$g_{zz}=\frac{1}{60R^2}\left[64\overline{g}(0)-8\overline{g}(R)-16\overline{g}(\sqrt{2}R)-40\overline{g}(\sqrt{5}R)\right] \tag{2-1}$$

式中：g_{zz} 为重力垂向二阶导数；$g(R)$ 表示以坐标原点 O 为圆心；R 为圆周上重

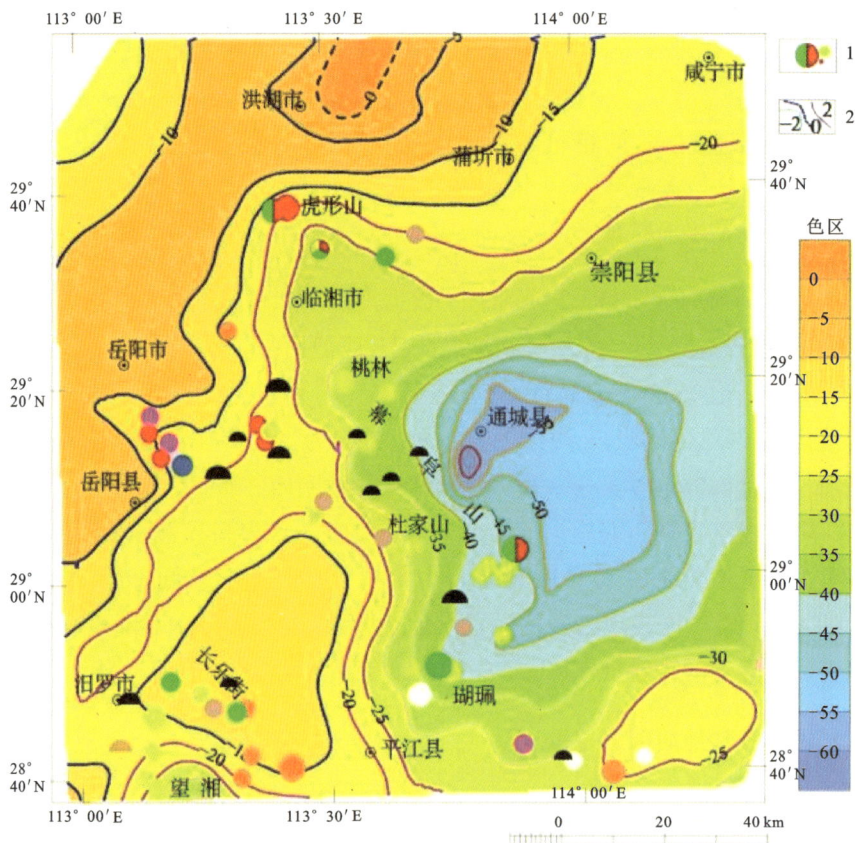

1—多金属矿及矿点；2—布格重力异常等值线。

图 2-5 临湘多金属成矿带布格重力异常图

力异常的平均值。

式(2-1)称为艾勒金斯第Ⅰ公式，适于小比例尺、平缓重力异常的垂向二导计算，通过多次试算研究，以 R 为 10 km 求得的垂向二阶导数效果较好，其计算结果如图 2-6 所示。

对比重力异常图 2-5，垂向二导结果对深部区域性重力场的压制效果非常明显，局部异常特征突出，原来表现为扭曲、延展特征的迭加异常得到分离，表现为走向上连续、局部圈闭的局部异常，各迭加异常体间的梯度变化带更加清晰，异常体与已知地质体在平面位置上的对应关系至少有 4 处更加一致

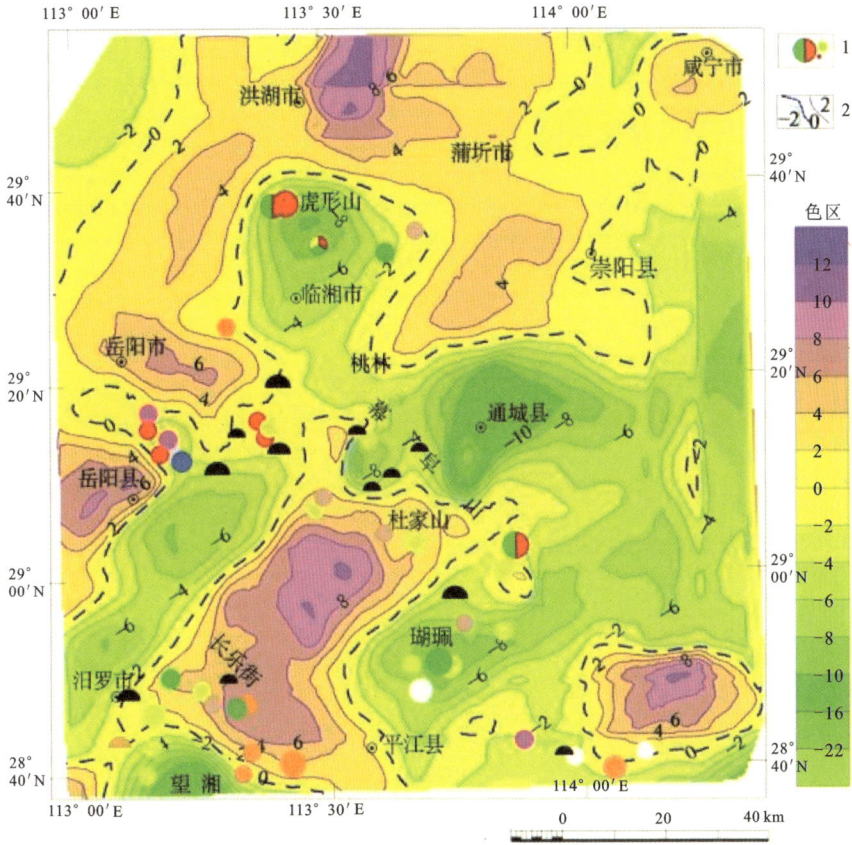

1—多金属矿及矿点; 2—g_{zz} 异常等值线。

图 2-6 临湘多金属成矿带 g_{zz} 异常图

(图 2-6)。

(1)研究区出露的望湘岩体、幕阜山岩体基本上被包围在零值线圈定的负值区内。

(2)以汨罗为起点的北东向负值带与已知的湘阴—汨罗断陷带东北段有良好的一致性。

(3)线性异常特征也更易分辨,特别是一些区域性线性异常带与地质实测区域断裂吻合性良好,例如,沿汨罗—桃林—蒲圻的区域断裂带可见明显 g_{zz} 负值异常及线性 g_{zz} 高值异常。

(4)望湘岩体与幕阜山岩体之间的断隆区基本位于圈闭高值异常区内。

2.5.4 区域重磁异常特征

1.区域重力异常特征

区域重力异常从湖南省有色地质勘查局二四七队 1994 年在湘东北地区开展的 1∶50000 重力普查的布格异常图中截取，测网为 5 km×5 km，其结果见图 2-7。

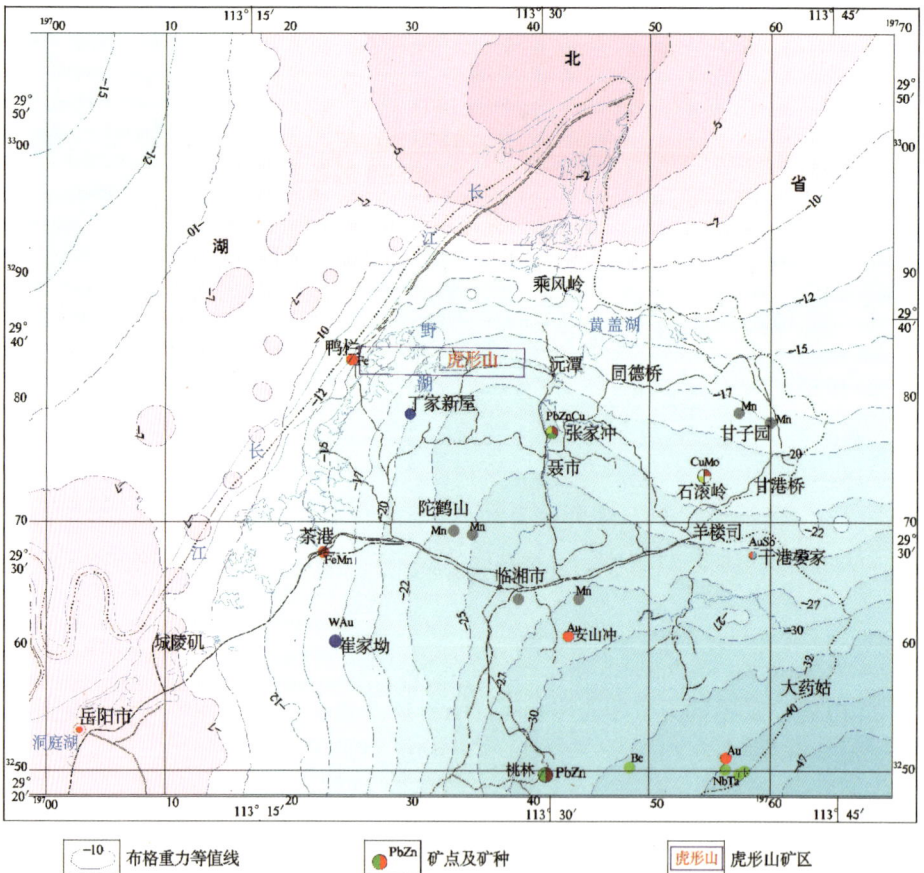

图 2-7 虎形山地区区域布格重力异常图

(湖南省有色地质勘查局二四七队，2011)

由上图可知：从岳阳市沿长江到黄盖湖为重力场偏高区，重力异常值在 $-10 \times 10^{-5} \text{m/s}^2$ 以上，异常呈哑铃状，在重力偏高区两侧出现了对称的重力低值区，即华容重力场低值区和幕阜山重力场低值区，最小值低于 $-50 \times 10^{-5} \text{m/s}^2$，虎形山矿区处在幕阜山重力场低值区的过渡带上，异常等值线发生了畸变和扭曲。为了更好地认识重力异常，利用插值切割方法在 $2 \text{ km} \times 2 \text{ km}$ 的范围内提取重力深域、浅部异常。

区域重力深域异常呈北高南低梯度下降特征，等值线由北往南呈近东西走向由高到低平行展布，反映了扬子板块古地理格架北高南低。区域重力浅源异常具有"两高三低"特征：即岳阳、洪湖为两个重力场偏高区，重力等值线在区内均未封闭，峰值分别为 $15 \times 10^{-5} \text{ m/s}^2$、$5 \times 10^{-5} \text{ m/s}^2$，两个重力高值异常以零值线连接在一起，呈北东走向。

幕阜山重力异常是本区规模、幅值、分布面积最大，形态比较完整，走向 NW 的重力低异常区，虎形山矿区处于该异常区的北西端。

2. 区域航磁异常特征

从虎形山航磁异常图（图2-8）可知：航磁异常呈北低南高，东低西高的宏观特征，幅值为 $-30 \sim 120$ nT，规模很大，整体上为一南正北负磁异常形态，异常中心在城陵矶西北面，走向近东西向，在虎形山南部（丁家新屋）、临湘市北、崔家坳北、安山冲东有局部异常的叠加。

通过对航磁异常进行 $2 \text{ km} \times 2 \text{ km}$ 范围内的插值切割分离处理获得了深源航磁异常和浅源航磁异常数据。航磁深源异常显示在测区深部，存在东西走向，梯度小，规模大，幅值在 $-25 \sim 20$ nT 的低缓磁异常，无异常中心，等值线呈平行排列，磁异常值中段高、南北低的特征。

航磁浅源磁异常显示，丁家新屋、临湘市北、崔家坳北、安山冲东局部异常呈零星分布，虎形山南西异常规模较大，梯度也较大。

3. 区域重磁异常地质解释

1）区域重磁异常成因分析

引起航磁异常的磁源体主要有三类。

磁性层：由岩层磁参数可知，除冷家溪群地层具有磁性以外，其他地层不具磁性或磁性很弱。区域深源重磁异常显示：区域基底具有偏高密度、中强磁

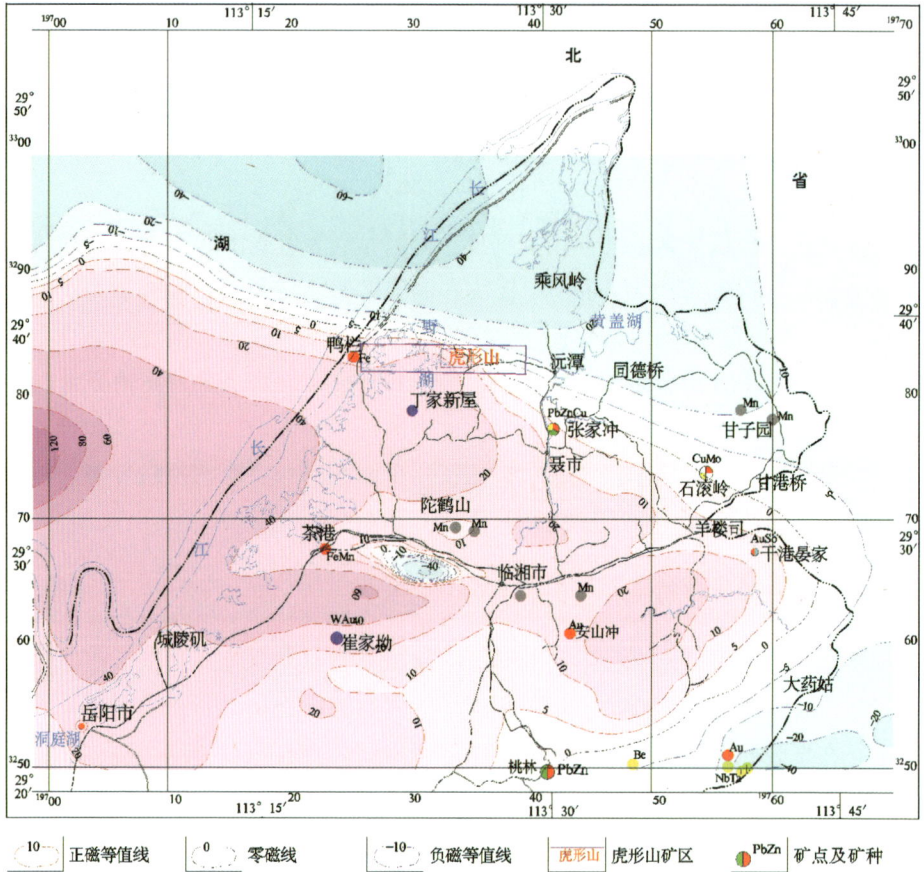

图 2-8 虎形山地区航磁异常图

(湖南省有色地质勘查局二四七队，2011)

性、较大规模、东西走向的基底重磁异常特征，推测为中元古界冷家溪群地层形成的磁性基底所引起。

侵入岩内外接触变质带：从区域浅源重磁异常图可知，在矿区下部存在重力低、磁异常正负伴生的重磁异常现象，推测为隐伏的侵入岩所引起。岩浆在隐伏侵位过程中对围岩造成的高温高压环境能使围岩因受到动力变质和热液烘烤而具磁性；当岩浆活动规模较大且围岩含铁质碎屑时，可能造就规模和强度都足够大的接触变质磁异常，而内接触带也因与围岩产生混染同化作用形成磁性外壳。

断裂构造：大的断裂构造两侧不同的沉积环境和地质历史使两侧有不同的磁性特征，区域性的磁场特征变化可为划分大型断裂提供信息。岩浆岩的侵入与断裂的产出常具密切的时空关系，磁性和非磁性岩体的接触带引起的局部异常旁侧多有断裂通过。串珠状分布局部异常则直观指示断裂产出的位置。断裂作用对前期已形成的磁场有破坏和改造作用，造成磁异常等值线畸变和扭曲。

2) 区域深部构造形态

根据区域地球物理特性可知：地幔物质及地壳结晶基底具有比浅部沉积层的密度大和磁性强的特征，地层密度由新至老基底具有逐渐增大的趋势，具有中强磁性的冷家溪群变质岩系也处于沉积岩底部，利用重磁的低频特性推测深部地质构造具有很好的物性前提。根据重磁深源异常的特征认为虎形山地区下部最老的基底是呈东西走向，北高南低的幔坡上沉积了一套古老的地层，岩层主要是基底杂岩和冷家溪群地层。根据浅源重磁异常的特征认为岳阳至洪湖县一带存在北东向的基底隆起，这正是华南板块向北西方向俯冲和扬子板块的阻挡在碰撞和拼接中动力不均衡形成的北东向隆起。后经武陵至燕山各期低密度岩浆岩体的充填和地质演变，形成了虎形山地区深部构造形态。

3) 区域断裂

根据区域重磁异常特征初步认为：虎形山地区区域性断裂主要有东西、北东、北西 3 组，最早的为东西断裂，切穿地壳的深度很大，经场源分离 4 km 后，重磁特征十分明显，规模很大，应为华南、扬子两板块之间的活动区，它为虎形山矿区提供了大量热源和深部矿物质。其次为北东断裂，为加里东时期地壳隆起所致，区域浅源重磁特征表现为北东走向重力高、串珠状的中强磁异常。最后为北西断裂，为燕山—喜山时期岩浆上升侵入产生的断裂，区域浅源重磁特征表现为北西走向重力低、正负伴生的弱磁异常。

4) 推测的隐伏岩体

依据重磁资料推测隐伏岩体具有好的物性前提，本区重磁资料显示在虎形山地区有两大岩基以长江为界分开，即北西华容桃花山和南东幕阜山，在这里只对虎形山矿区有意义的幕阜山岩基进行描述：幕阜山岩基很大，虎形山隐伏岩体系幕阜山岩基的北西凸起部分，它与幕阜山岩体之间有一个明显的鞍部，位于临湘至羊楼司北东带。隐伏岩体的接触带、鞍部、坡部为区域内深部找矿的重要靶区。推测虎形山地区的矿产及分布与隐伏岩体关系较密切。

5) 区域矿产预测

通过对区域重磁资料的研究,结合区域地质构造特征,推测虎形山地区的深部构造、深大断裂、隐伏岩体及岩体蚀变带等(图2-9),虎形山地区主要找矿方向:一是寻找与隐伏岩体有关的岩浆热液型矿床,如接触交代型(矽卡岩型)铜钼钨多金属矿床,斑岩型铜钼多金属矿床;二是寻找热液充填型多金属矿床,如云英岩型、石英脉型钨铍矿床,构造破碎带热液充填型或硫化物脉型铜铅锌银多金属矿床;三是寻找蚀变破碎带或石英脉型金矿床。

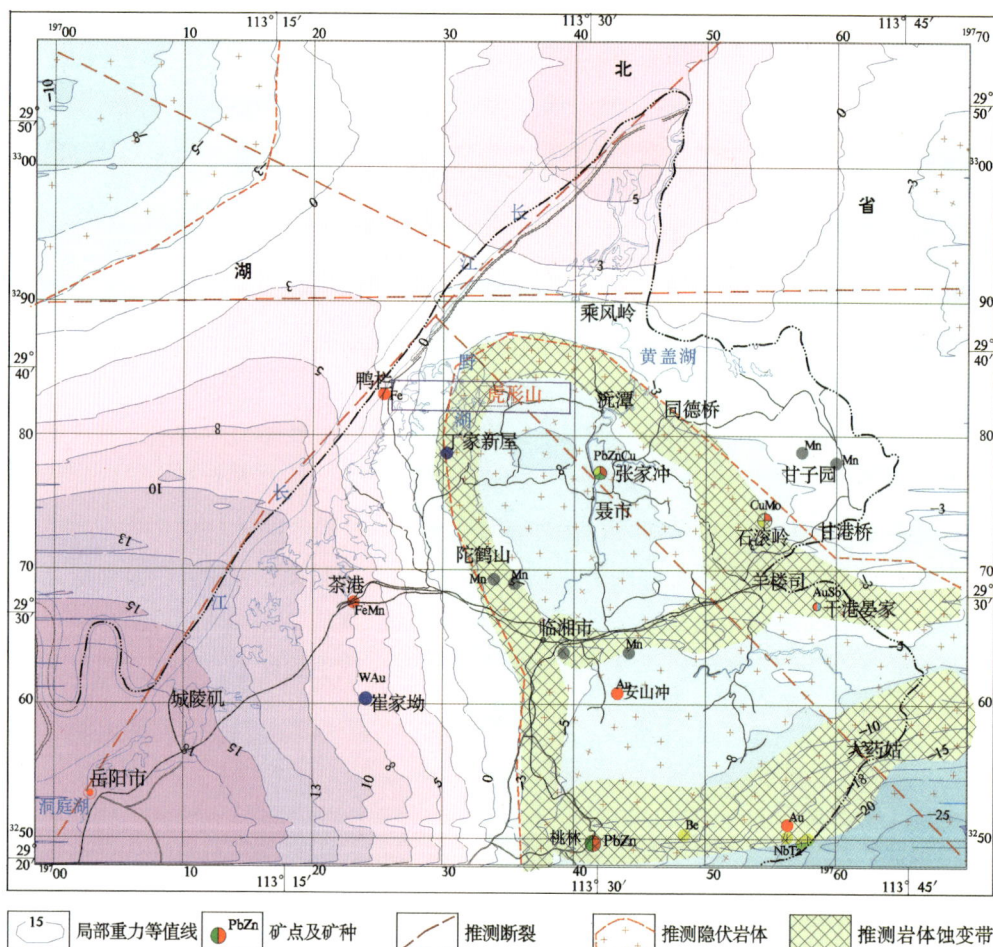

图2-9 区域重磁异常成果推断图

(湖南省有色地质勘查局二四七队,2011)

2.5.5　区域航磁异常特征

1. 航磁异常平面分布规律

区域航磁异常(图 2-10)总体表现为两大区域性特征,西北区以规模大、磁异常强度高的区域性异常为主要特征,北端负异常明显,磁异常正极值达 130 nT,其间见明显局部异常叠加;南部及东侧以小规模、组合规律明显的局部异常为主要特征,各单体异常正负异常伴生,异常形态、规律性较易分辨。如果以异常的平面组合特征进行分析,可以发现研究区内航磁异常存在明显的区块特征和带状展布特征。

以地块为单元,研究区磁异常基本可划分为 3 个区块。

岳阳市—洪湖市磁异常区:该异常为湘东北华容—三角洲航磁异常的东缘,北部对应有同样规模的负异常,正极值达 130 nT,往东南缓慢衰减,约 50 km 距离,至桃林铅锌矿区强度已低于 10 nT。沿衰减带,迭加了崔家坳、虎形山等多个可分辨的局部磁异常,其中以崔家坳磁异常特征最为明显,局部强度达到 50 nT,地面磁异常强度超过 100 nT。

幕阜山磁异常区:以幕阜山岩体为中心分布的多处磁异常,其中以通城北侧北东东向磁异常形态、规律性最为明显,正负极值绝对值均在 70 nT 左右,其他磁异常强度均为 10~20 nT,异常走向以北西向为主要特征。

望湘—长乐街异常带:由多个北东向串珠状特征的磁异常组成,望湘岩体磁异常主体还在研究区南部。长乐街岩体磁异常强度达 90 nT。各个单体异常形态基本完整,正负伴生明显。

异常的带状特征主要表现为北东向和北西向两种走向异常互相交错的现象。

北东向异常带:最为明显的是望湘—长乐街—通城县北的局部磁异常群,异常的主要特征是正负伴生明显,异常形态较为浅析,异常强度一般大于 60 nT,各个异常在位置上相互独立,在空间组合关系表现出明显的走向特征。这反映出这些异常在成因上可能存在一定的共性。

北西向异常带:主要包括两支,即岳阳—瑚珮异常北西向组合异常带及与其近于平行产出的虎形山—通城—大坳北西向磁异常带,两异常带的共同特征是异常平缓,强度较低,正极值一般在 20 nT 左右。

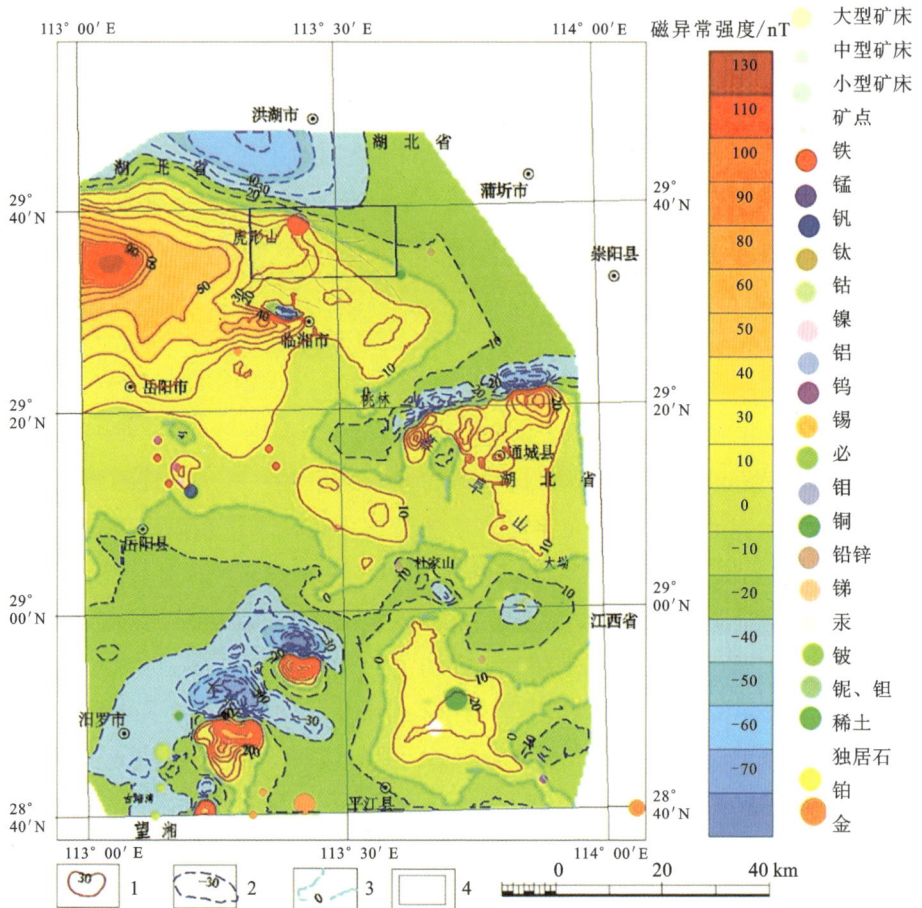

1—航磁异常正等值线；2—航磁异常负等值线；3—航磁异常零等值线；4—研究区范围。

图 2-10　临湘地区航磁异常等值线图

（据 1：20 万航磁异常编图）

　　为进一步突出磁异常平面特征，对航磁 ΔT 异常进行插值切割场源分离处理，切割窗口为 5 km×5 km，其结果见图 2-11（a）、（b），场源分离结果表明，研究区存在以岳阳市—洪湖市为主体的东西向区域异常，而各局部异常特征也更加突出，特别是此次项目的重点研究区域——虎形山矿区存在西—东—东南走向的串珠状异常带，而上述有关异常的展布特征，在局部异常图上更加清晰。

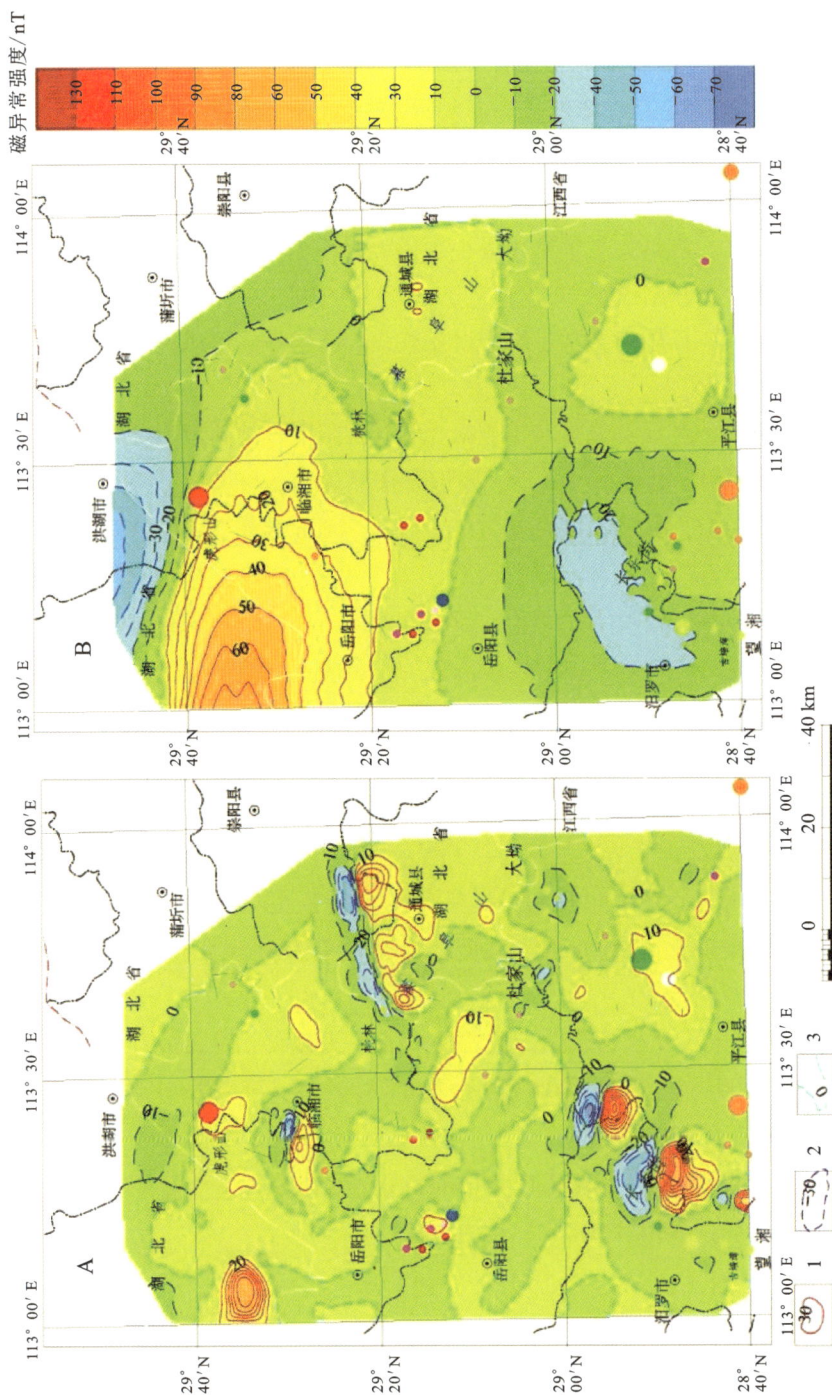

(a) 航磁异常场场源分离局部异常等值线图

(b) 航磁异常场场源分离区域异常等值线图

图 2-11 临湘地区航磁异常场场源分离异常等值线图
（据 1:20 万航磁异常编图）

1—场源分离异常正等值线；2—场源分离异常负等值线；3—场源分离异常零等值线。

2. 航磁异常的垂向变化特征

对航磁 ΔT 异常进行了上延处理，上延高度分别为 2 km、4 km、6 km、8 km、10 km，通过对上延次序图分析总结，可知研究区磁异常空间分布上存在以下几个特征。

（1）上延 2 km 后，虎形山、崔家坳等小规模磁异常基本衰减完毕，通城县北近东西向磁异常形态开始模糊。

（2）上延 4 km 后，长乐街异常带形态开始模糊，通城县北近东西向磁异常衰减完毕。

（3）上延 6 km 后，各局部异常基本衰减完毕，岳阳市—洪湖市磁异常区的近东西向特征更加明显，上延 10 km 后，该形态仍然保留，与场源分离得到的区域异常特征基本相似，强度降低至 20 nT，从上延 4 km 起始，该异常强度的衰减率保持在 10 nT/km。

磁异常空间分布特征反映了岳阳市—洪湖市磁异常是由深部地质体引起，而其他局部磁异常的对应的地质体的埋藏深度均不会太深。

3. 航磁异常化磁极

以经度 113°30′，纬度 23°30′ 为中心，磁倾角 34°48′，磁偏角 -2°22′ 对航磁 ΔT 异常进行了化磁极处理，结果如图 2-12 所示，对比航磁 ΔT 异常，化极后磁异常规律性更加明显，北东向及北西向带状组合特征更加突出，由于化极后，正极值中心更接近磁性体中心，因而化极异常更有利于磁性体范围的圈定。

从正极值中心分析，化极后极值点大都往北有较大偏移，对几个有代表性异常的偏移距离进行统计，偏移距离一般为 1.8~3.9 km，可以根据异常的偏移距离初步估计磁性体埋深。由简单的三角函数计算可得，在磁倾角 35° 时，埋深 1 km 的磁性体其磁异常向南偏 1.431 km，考虑到岳阳地区航磁测量飞行平均高度为 200 m，估算出磁性体埋深一般为 1.1~2.5 km。

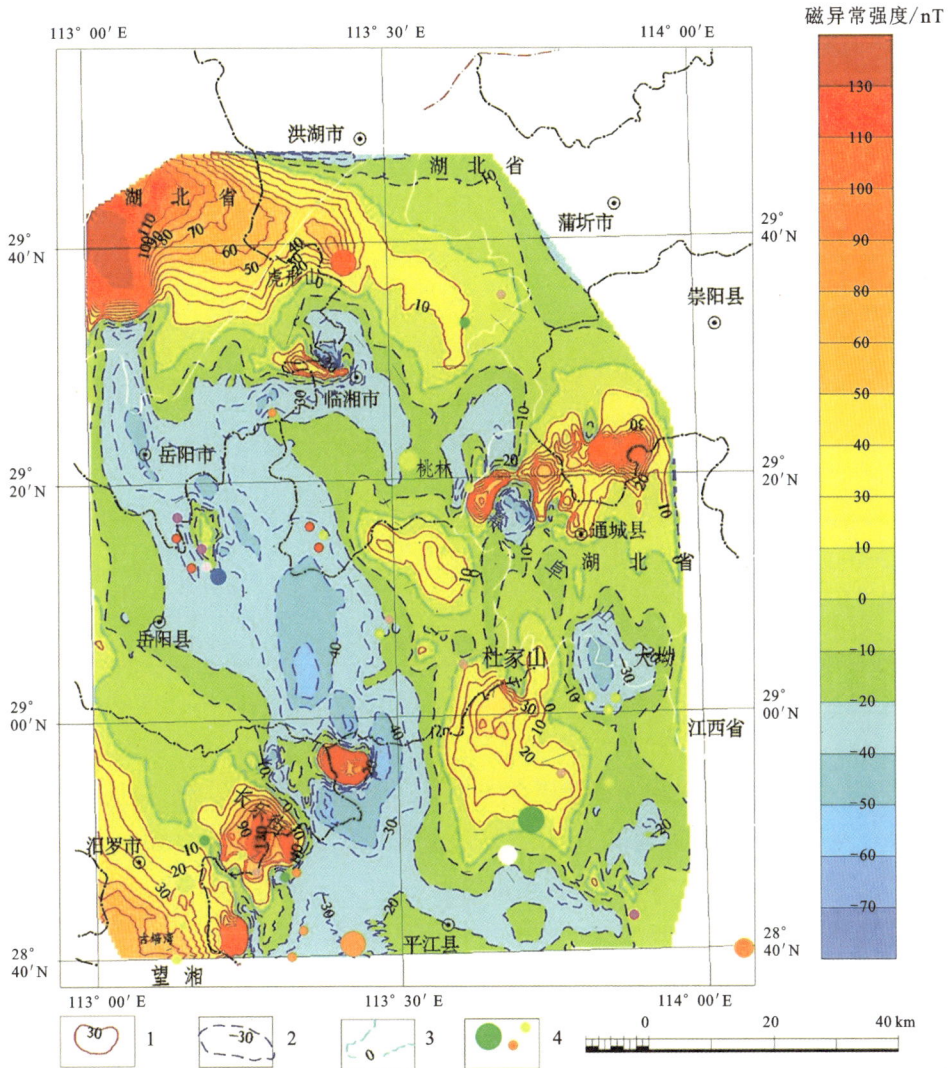

1—航磁化磁极异常正等值线；2—航磁化磁极异常负等值线；

3—航磁化磁极异常零等值线；4—已知矿点（区）。

图 2-12　临湘地区航磁化磁极异常等值线图

（据 1：20 万航磁异常编图）

2.6 区域地球化学特征

(1)根据湖南省有色地勘局二四七队 1995 年开展的"湘东北(望湘—幕阜山)地球化学普查"时获得的湘东北区域内Є、Z 和 Ptln 地层及幕阜山岩体 11 种微量元素的调查资料及地球化学场背景值,经统计结果如表 2-6 所示。

表 2-6　区域主要地层和岩体微量元素对比表(质量分数)

地层和岩体	采样数	W	Sn	Bi	Mo	Cu	Pb	Zn	Ag	As	Sb	Au
Є	10	3.1	1.8	0.3	9.3	20.5	30.1	20.7	210	7.7	3.5	1.7
Z	10	2.5	1.2	0.3	1.2	15.7	19.0	69.5	119	6.4	2.7	1.0
Ptln	10	4.5				41.0	38.8	149	57.5	6.4	2.7	4.1
幕阜山岩体	10	2.3	5.5	0.3	0.75	6.7	54	54.3	45	1.2	1.1	0.8
背景值		3.6	3.9	0.5	0.53	32.4	42.8	101.8	50.54	10.7	1.3	2.3

注:单位除 Au、Ag 为 10^{-9} 外,其他为 10^{-6}。

从表 2-6 中看出:寒武系地层中 Mo、Ag、Sb 元素较为富集,震旦系地层中 Mo、Ag、Sb 元素较为富集,冷家溪地层中 W、Sb、Au 元素较为富集,幕阜山晚期次岩体(脉)中 Sn、Mo 元素较为富集。

(2)根据 1994—1995 年湖南省有色地质勘查局地研院和湖南省有色地质勘查局二四七队联合完成的《湘东(北)—赣西成矿区带(湖南段)成矿背景、成矿规律和成矿预测研究报告》中对区域地层微量元素的分析认为:

长城系冷家溪群地层中 Zn、Cu、Co、Cr 接近或略高于维氏值,Au 略低于维氏值,富集 V、W、Sn、As,其中 W、Sn、As 为维氏值数倍至数十倍。

震旦系地层中 Au 相对富集,为维氏值的 1.5 倍至数倍。W、Sn、As 为维氏值的数倍至数百倍。

寒武系地层中,W、As 富集系数为数倍至数十倍。

Cu、Mo、Pb、Zn、Ag 与岩浆岩关系密切,区域内出露的小花岗斑岩体(或岩脉)具有明显的 Cu、Mo、Au 或 Pb、Zn、Ag 元素异常。如前述,岩体中 Au、

Cu、Mo、Bi、As、Pb、Zn 高于维氏花岗岩平均值数倍至上百倍甚至数百倍。W 也高于维氏值 2 倍以上。

（3）根据 1989 年湖南省地矿局四〇二队编写的《1:20 万蒲圻幅水系沉积物地化测量》中的数据认为：

冷家溪群形成了 Au、Sb、As、Hg、Pb、Zn、Cu、W、Bi 等元素的初步富集，尤以 Au 最为富集。

震旦系造成了 Sb、As、Mo、Ag 等元素的富集，尤以 Sb 最为富集。

寒武—志留系形成了 Mo、Sn、As、Sb、Ag、Hg、U、Pb、F、Be、La、W 等元素富集，尤以 Mo、Sn、As 最为富集。

燕山期岩浆的侵入，形成了 Be、Pb、Zn、U、F、La、Sn、B 等元素的富集，其中以 Be、Pb、Zn、U、F、La 富集程度最度。

另外对蒲圻幅区域 W 元素地化分区认为：W 元素分为南、北 2 个地球化学分区，而虎形山矿区位于北区内的虎形山 W 元素高值场内（图 2-13）。

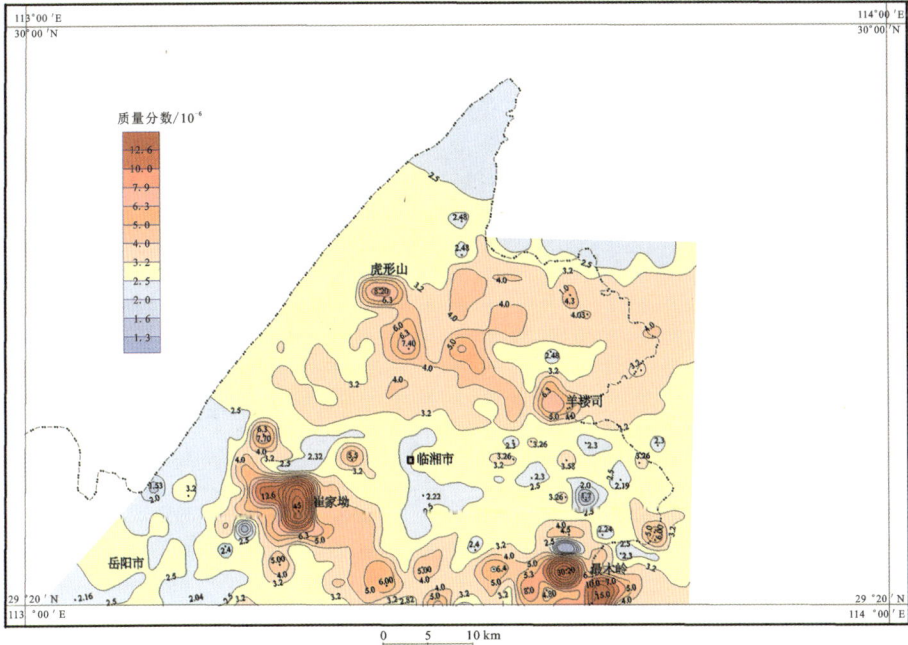

插图 钨元素区域地化场图

图 2-13 虎形山地区钨元素异常图

（湖南省有色地质勘查局二四七队，2011）

2.7 遥感影像特征

提取 1∶10 万 ETM 卫星影像图地质信息,结合 1∶10 万区域地质图,确定了全区地层和地质构造解译标志、影像单元与相应地质体之间的对应关系,编制遥感地质解译图(图 2—14)。据处理后的卫星图片,区内遥感影像解译效果较好。

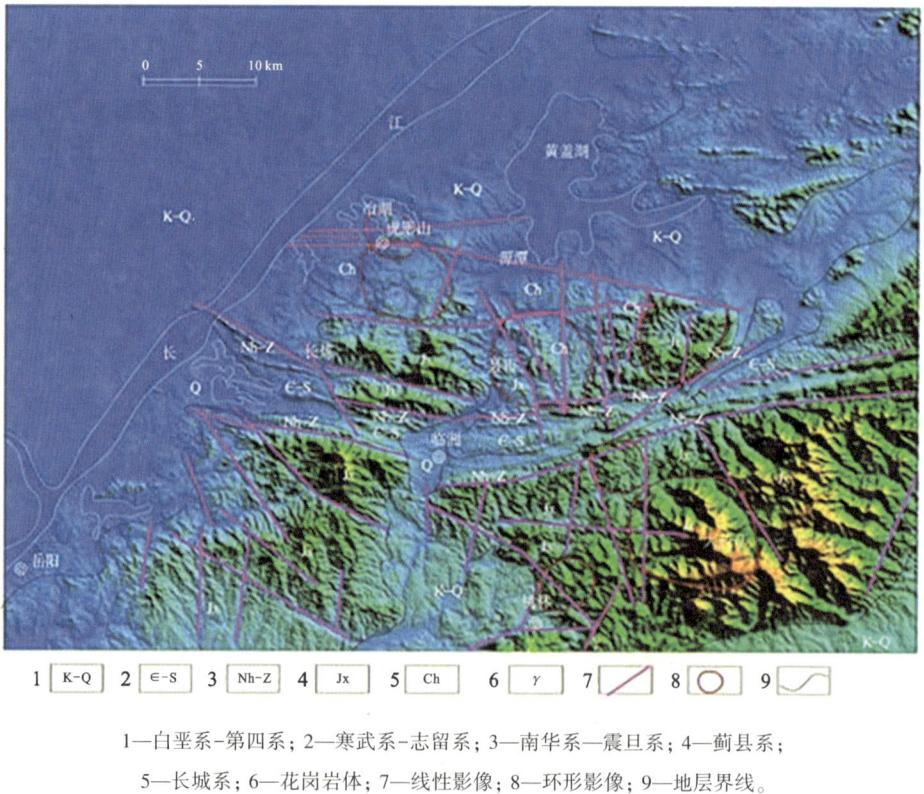

1—白垩系—第四系;2—寒武系—志留系;3—南华系—震旦系;4—蓟县系;
5—长城系;6—花岗岩体;7—线性影像;8—环形影像;9—地层界线。

图 2—14 临湘地区卫星遥感影像及解译图

(湖南省有色地质勘查局二四七队,2011)

2.7.1　地层(岩体)遥感影像解译特征

遥感影像解译把地层岩体分为 6 个单元,每个地层岩体单元遥感影像特征如下。

白垩系—第四系(K-Q):分布最广,主要分布于西北部,南边的桃林盆地和临湘向斜中有小面积分布。图像为深蓝色,由于地貌为冲积平原或低山丘陵,图像花纹细腻,深蓝色的大江、湖泊分布较广,具阴影的沟状水系不明显。

寒武系—志留系(Є-S):分布比较零散,主要分布于中部临湘向斜内东西向带内。图像颜色为蓝色,较以上地层颜色较浅。地貌为低山丘陵,略具线性分布,沟状水系不明显。

南华系—震旦系(Nh-Z):分布不广,主要为中部临湘向斜南北两翼,但较为连续。图像颜色为蓝绿色。以长条状低山为主,水系呈短水的梳状特征。

蓟县系(Jx):主要分布于图像南部和中部的广大地区,分布广。图像颜色以绿色和红褐色为主。地貌为中高山区。水系发育,呈树枝状。

长城系(Ch):分布较广,主要为图像中心部位。图像颜色主要为蓝色,有少部分为绿色。地貌为低山丘陵,较第四系和白垩系起伏较高。水系不明显,靠南侧略有树枝状水系分布。

燕山期花岗岩(γ):主要分布在桃林东南图幅边缘,出露面积非常小,北部与东西向断层接触。图像颜色为绿色。地貌为中低山区,沟系较 Jx 地层中不太发育,树枝状水系。

2.7.2　构造的影像特征

1.线性影像

所解译的线性构造部分与 1∶10 万区域断裂吻合,如近东西向虎形山—源潭断裂、临湘向斜两翼的走向断裂、桃林铅锌矿的断裂等,除以上断裂外,主要增加了较多的北西向线性影像,均切割了东西向的线性影像构造,说明此组较东西向构造形成时期晚。另解译了一组北东向线性构造,走向为 NE10°~20°,此组构造可能与走向为 NW330°~340°的线性构造形成共轭"X"剪性构造,此"X"剪性构造延伸至古生代地层,但未延伸到白垩系以上地层,说明为燕山期运动前产物,同时也说明此构造层内当时的主应力轴为近东西向。

东南的线性构造大致可分为南北 2 条带。北带主要为虎形山—源潭一带，东段大面积覆盖第四系和白垩系，线性影像反映不明显，西段在虎形山以西，反映多条东西向线性影像，地表调查确实存在 3 条东西向断层。南带主要为临湘向斜构造的两翼，近东西走向，在中段向南呈弧形突起。此组东西向线性构造被北西向线性构造切割平错，说明形成期次较前组"X"剪性构造早。另在图像区南部桃林以南也有一条近东西向线性影像，特别是西段较为明显，走向偏南西，北西部为白垩系—第四系地层，南东部为燕山期花岗岩体，控制了桃林铅锌矿体的定位。此组东西向线性构造均为压扭性，剖面上均呈上陡下缓的逆冲断层。

2. 环形影像

根据影像水系、山脊、影像色调、纹理呈环状的特征，大致圈定了 6 个环形构造，呈北西向，有 2 个分布于内生大型矿床附近，有 3 个有内生金属矿点，说明此环形可能与隐伏的岩体有关，而形成了地表岩性蚀变后差异。具体分析几个环形影像特征如下。

(1)虎形山环形影像特征：为北面一个小环扣南面一个大环的影像。北面小环主要由几个山头组成，即矿区内的虎形山—仰山一带的正地形，主要受 F1 含矿断裂引起。南部的大环影像也是由相对周边平坦地形形成，在环西部边缘有丁家山白钨矿点，北部边缘有虎形山钨铍矿床，因此推测此环深部有隐伏岩体上突。

(2)聂市环形影像特征：为一环中心地形较高，周边地形较低的环形构造。此段环中心地表有张家冲铅锌矿点，此矿点产于花岗斑岩脉边部，围岩为长城系千枚状板岩，有硅化、绿泥石化、黄铁矿化等蚀变。另根据物探区域重力资料：此环位置为重力负异常中心区，推测为深部隐伏岩体突起位置。

(3)甘梓园环形影像特征：为环形山脉和水沟形成。地层为长城系雷神庙组和震旦系地层组成。主要分布有北部的甘梓园、桐梓铺锰矿点，东侧的甘港桥金矿化点，南侧的石滚岭铜钼矿点。石滚岭铜钼矿点产于花岗斑岩边缘，有硅化、云英岩化、黄铁矿化等蚀变。

(4)桃林北东环形影像特征：此环形影像由周边的环状沟系构成，分布于蓟县系地层中，有北西向线性构造切割园环。此环形影像分布在幕阜山岩体和桃林铅锌的北侧，可能为地层受蚀变引起。

（5）大药姑环形影像特征：为区内最大环形影像，为正地形和色调差异形成，地层由蓟县变质岩组成。蓟县系地层在此环形中心形成最高地形，可能是此环形影像区位于幕阜山花岗岩体的北侧，受岩体角岩化和硅化蚀变影响。根据区域重力资料推测，幕阜山岩体有从向北西隐伏侵位的特点。此环形影像区内有袁家山等七八处金、钨矿点。

2.8　区域变质作用

区内，新元古代中元古代长城系、南华系、震旦系和早古生代沉积岩层均遭受不同程度变质作用，岩石原始成分和结构构造发生了不同程度改造。

2.8.1　区域变质作用

1. 区域变质作用类型及程度

区内区域变质程度较低，形成浅变质岩类，按原岩成分，可分为变沉积碎屑岩、变沉积—火山碎屑岩、浅变质碳酸盐岩、硅质岩和炭质板岩。

新元古界—下古生界浅变质地层反映了浅变质环境相当于葡萄石—绿纤石相环境条件，温度大体为 150~400℃，压力为 0.14~0.35 GPa，埋深为 5.6~11.6 km。中元古代长城系的矿物组合是石英、绿泥石、伊利石（白云母），个别样品中含有白云石、长石以及黄铁矿；南华系—下古生界矿物组合主要为绿泥石/白云母（伊利石）堆垛集合体、微米级绿泥石及伊利石—蒙脱石、蒙脱石—绿泥石、伊利石—白云母黏土矿物组合。冷家溪群浅变质程度属于浅变质带到近浅变质带上部。板溪群的浅变质程度为近浅变质带的上部而震旦系—下古生界地层则属近浅变质带浅变质。

2. 区域变质作用演化特征

区内新元古界极低级—低级浅变质作用是武陵运动的结果，而南华系、震旦系和下古生界的极低级浅变质作用则是在加里东运动最终完成的。它们都经历了沉积—成岩压实浅变质和伴随构造变形浅变质两个阶段。这反映了沉积、压实、成岩、构造变形过程，均是相对活动型的构造环境，具有造山带的显著特征。

湘东北虎形山钨多金属矿床成矿作用与找矿预测研究

在造山运动阶段，伴随板劈理的发育，绿泥石/白云母集合体发生形态变化，并沿着其解理或显微裂隙发育新的白云母。

区域浅变质变形作用的递进发展，变形和浅变质作用逐渐局限于线状地带，沿着不同尺度的剪切带，压溶作用更加明显，它不仅改造了先期的浅变质作用矿物组合，还有新的显微层状矿物生成，并伴有大量的方解石、石英细脉发育，局部沿着剪切面或层理面，形成绿泥石大晶体或集合体。

2.8.2 接触变质作用

1. 热接触变质作用

热接触变质作用主要与侏罗纪花岗岩的侵入活动有关，少量发育于岩脉（墙）外接触带，普遍发育于岩体与围岩外接触带部位。主要岩石类型有绢云石英片岩、含石榴石二云石英片岩、含十字石石榴二云片岩及黑云石英片岩、角岩、堇青石角岩、千枚岩与千枚状板岩、斑点状板岩等。

2. 接触交代变质作用

接触交代变质作用主要分布在幕阜山岩体北缘与围岩接触的内外接触带，外接触带交代变质作用较发育，交代变质作用主要有伟晶岩化、钠长石化、硅化、云英岩化、电气石化、萤石化、黄铁矿化、绢云母化、白云母化、黑云母化、锂云母化、锂辉石化、绿泥石化、碳酸盐化等。以伟晶岩最为发育，按类型有微斜长石伟晶岩、微斜长石—钠长石伟晶岩、钠长石—锂云母伟晶岩、钠长石—锂辉石伟晶岩等。

2.8.3 动力变质作用

区内动力浅变质岩分布广泛，参考目前国内外动力浅变质岩分类方案，结合测区动力浅变质岩的研究，将区内动力浅变质岩进行分类，结果如表2-7所示。

从表2-7可以看出，脆性动力变质岩在时间上通常在晚期构造变动时形成，尤其是燕山—喜山期；韧性动力浅变质岩则主要见于燕山期、武陵期。糜棱岩系的分布与强应变带密切相关，主要见于中元古界等褶皱基底和结晶基底区；碎裂岩系沿脆性断裂带分布，NE向、NW向断裂一般形成于碎裂岩系良好发育位置,碎裂岩带切割糜棱岩带,显示它们是区域构造发展晚期,特别是燕山期和喜山期的产物。

表 2-7 临湘地区动力浅变质岩分类表

成因	岩类	岩石名称	伴生构造	时代	分布特征
脆性动力变质岩、韧性动力变质岩	砾岩	构造角砾岩	脆性断层	燕山—喜山期	NE、NW、NEE 向脆性断层中
	粒化岩	碎斑岩			
		碎粉岩(断层泥)			
	糜棱岩类	初糜棱岩糜棱岩	小型脆—韧性及韧性剪切带	前喜山期	主要分布于冷家溪群线状应变带及 NE 向走滑断层中
	构造片岩类	构造片岩	韧性滑脱	燕山期	浅变质核杂岩拆离断层
			近水平韧性推覆	前武陵期	EW 向、NEE 向韧性剪切带,褶皱结晶基底展露区

2.9 区域矿产

区内矿床类型主要有斑岩型、矽卡岩型、热液型多金属矿床,矿种多达 14 种,已发现矿床、矿点、矿化点 45 处(仅限本省内),其中:有色金属矿产有铅、锌、铜、锑、钨、钼、铋,稀有金属矿产有铌、钽、铍,贵重金属矿产有金等,具一定规模及经济意义的矿产主要有铅锌、钨、金、铍,尤以内生金属矿产最为突出。面上分带规律明显,矿产的分布由南至北具有从高中温—中低温分布的规律,主要表现为:

(1)靠近岩体的接触带及岩脉旁分布高—中温钨、铍、钼、铜、铅、锌、铌、钽矿床,且规模较大,具一定的经济价值和找矿意义。

(2)远离岩体较远的古隆起区逐渐过渡分布中—低温金、锑矿(化)点,具一定规模及找矿意义。

(3)远离岩体更远的古隆起区则以钨、铍、铜、铅、锌矿床(点)为主,具特大型规模和较高的经济价值。

第 3 章

矿床地质特征

3.1 矿区地质特征

虎形山矿区是"十一五"期间由湖南省有色地质勘查局二四七队探明的一个大型钨铍多金属矿床。研究区大地构造位置位于扬子地台南缘下扬子台褶带内,与鄂黔台褶带和江南台背斜交汇的三角部位,成矿区带属长江中下游铁铜铅锌多金属成矿带的西南段(图 3-1)。

3.1.1 矿区地层

1. 矿区地层特征

矿区出露地层(图 3-2)主要有中元古代长城系冷家溪群易家桥组(Chy)、雷神庙组(Chl)、寒武系牛蹄塘组($\epsilon_1 n$)、第四系(Q)。主要含矿层位为寒武系下统牛蹄塘组($\epsilon_1 n$)。地层由老到新分述如下。

中元古代长城系冷家溪群易家桥组(Chy):主要岩性为绢云母板岩、千枚状板岩、砂质板岩夹薄层变质凝灰质砂岩,地层厚度较大,板理发育,是构成东西向逆冲断层(F1)的上盘。岩石在构造变动中蚀变强烈,主要蚀变有硅化、云英岩化、黄铁矿化、滑石化等,越靠近 F1 韧性变形越强烈,形成明显的揉皱条带。该组地层为矿区次要赋矿层位。

中元古代长城系冷家溪群雷神庙组(Chl):分布于矿区西段,F1 断层上盘。主要岩性为砂质板岩,变质砂岩夹板岩,岩层厚度巨大,板理发育。

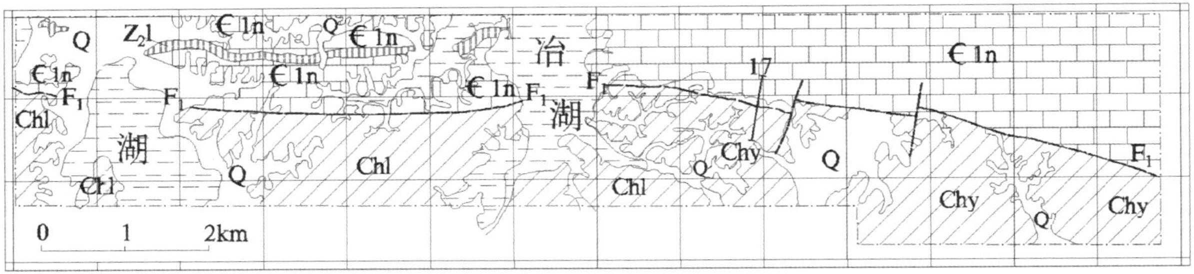

(a) 虎形山矿区地质简图

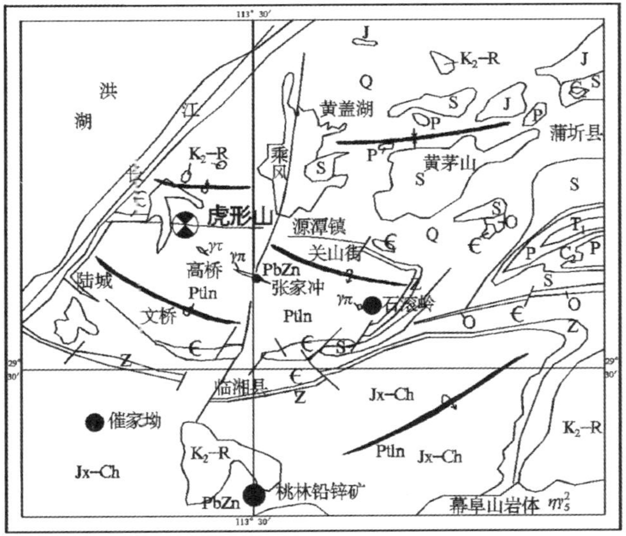

(b) 虎形山矿区构造纲要图

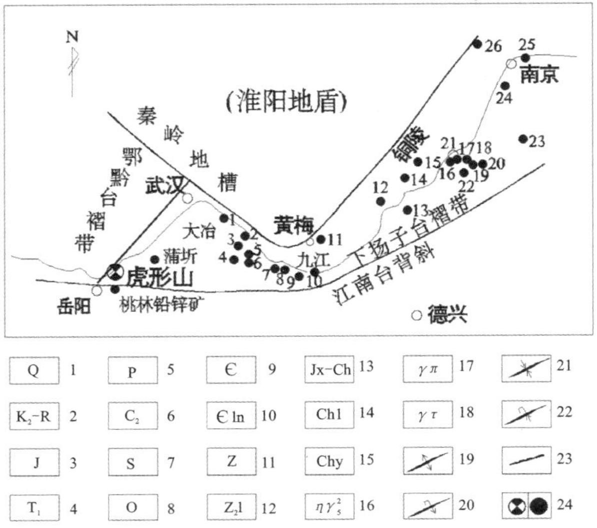

(c) 长江中下游大地构造分区及有关矿床分布略图

1.第四系；2.古近系—上白垩系；3.侏罗系；4.三叠系下统；5.二叠系；6.石炭系；7.志留系；8.奥陶系；9.寒武系；10.寒武系下统牛蹄塘组；11.震旦系；12.震旦系上统留茶坡组；13.新远古代中元古代长城系系；14.中元古代长城系系雷神庙组；15.中元古代长城系系易家桥组；16.二长花良岩；17.花岗斑岩；18.花岗细晶岩；19.背斜；20.倒转背斜；21.向斜；22.倒转向斜；23.断层；24.虎形山与其他矿床点。

图3-1　研究区大地构造位置及构造纲要图

（唐朝永等，2013）

寒武系下统牛蹄塘组($\unicode{x2C04}_1 n$)：分布于 F1 断层下盘，主要岩性为颜色较深的薄层含炭质云质灰岩、白云质灰岩、泥灰岩、炭质板岩等。在虎形山主矿段，岩石受深部隐伏岩体热变质作用，炭质成分减少，硅质成分增加，颜色变浅，主要为层理不明显的硅质灰岩、白云质灰岩、大理岩化灰岩、绿泥石化灰岩等，局部还夹有含炭质的板岩。主要蚀变有硅化、黄铁矿化、矽卡岩化、绿泥石化、大理岩化等。该层是主要赋矿层位，云英岩化蚀变是重要的找矿标志。

第四系(Q)：由残积、坡积和冲积物构成，在矿区分布较广。矿区 F1 断裂以北基本上全为第四系覆盖。

2. 矿区主赋矿层位($\unicode{x2C04}_1 n$)研究

地层中成矿元素对比：湘西北寒武系下统牛蹄塘组的炭质页岩中富集 V、Ni、Mo、Se、Cd、U、Ir、Pt、Ti、Pd、Os、Ba、Au、Ag、P 等 20 多种金属和非金属元素(鲍正襄等，2001)。矿区含白钨矿化萤石化云英岩化的碳酸盐岩矿样(主要赋矿层位原生矿石类型)经过 X 荧光分析和化学多项分析(表 3-1)表明，矿样中 Ba、P、Au、Ag、V、Ni、Ti、U、Mo 等元素含量较高，和湘西北寒武系底部牛蹄塘组元素含量相似，其他元素含量差距较大，可能是因为受后期热液活动改造产生元素富集或贫化。

表 3-1　原矿全分析结果　　　　　　　　　　　　　　单位：mg/g

Cl	S	P	As	Ba	Bi	Ce	Co	Cr	Cu
35.7	983	658	40.9	358	9.50	75.3	5.70	40.2	75.6
Ga	La	Mn	Mo	Nb	Ni	Pb	Rb	Sb	Sn
10.3	20.0	1264	15.1	9.70	49.2	37.5	316	2.10	7.30
Sr	Ti	Ta	V	W	Y	Zn	Zr	Hf	Ag*
410	1562	1.00	55.3	817	19.6	152	46.4	2.40	3.89
Nd	U	SiO_2	Al_2O_3	Fe_2O_3	MgO	CaO	Na_2O	K_2O	Au*
9.20	7.13	35.53	6.64	2.30	10.99	18.41	0.35	3.26	0.11

注：* 据《湖南省临湘市虎形山钨铍多金属矿选矿试验研究报告》，X 荧光分析，Au、Ag 多项分析。

3.1.2 矿区构造

矿区构造较为发育，以断裂构造为主，褶皱以小型褶皱和层间揉皱为主（湖南省有色地质勘查局二四七队，2011，2019）。

1. 褶皱

矿区位于乘风倒转向斜的南翼，为一走向近 EW、南倾的单斜构造，由寒武系地层组成，岩性为海相碳酸盐岩和碎屑岩，岩石遭受了不同程度的变质作用，单斜构造内次级小褶皱及揉皱构造较为发育。

2. 断裂

按其展布方向可分为 EW-NWW 组和 NNE 组。

1）EW-NWW 组构造

主要为虎形山—源潭断裂带，矿区以 F1 为界分为南北两区（图 3-2）。北区为乘风倒转向斜，向斜轴近于 EW 方向，北倒南倾，轴面倾角为 30°~45°，核部由寒武系海相碳酸盐岩夹碎屑岩地层组成，岩石遭受了不同程度的变质作用，两翼地层缺失不全；南区为一走向近 EW 向、往南倾斜的单斜构造，地层为中元古界浅变质岩，次级小褶皱及揉皱构造相当发育。

虎形山—源潭东西向断裂（F1），呈近 EW 向穿过研究区，断裂带走向长大于 7 km，倾向南，倾角为 65°~80°，上陡下缓，东陡西缓，断层面一般较紧闭，岩石普遍硅化，局部具糜棱岩化。断裂带及其旁侧次级裂隙相当发育，裂隙多被云英岩脉或石英脉充填，脉体中含有大量的金属硫化物。部分钻孔揭露 F1 中构造角砾岩、蚀变及钨铍矿化较强；部分钻孔反映构造面较紧闭，经蚀变有愈合现象，特征不明显。该断裂既是矿区主要的容矿构造，也是重要的导矿构造。

2）NNE 组构造

矿区发育多组 NNE 向断裂，近于垂直 F1 断裂带，穿切 F1 及钨矿体。这组断裂一般向东倾斜，倾角较陡。

F2：位于虎形山以东 50 线以西，走向约为 8°，倾角为 75°，为小型正—平移断层，造成 F1 及矿体在地表不对应，推测走向长约 300 m，断距约 26 m。

F3：位于大坳村东 4 线以西两小山之间的凹陷带中，走向约为 5°，倾角为

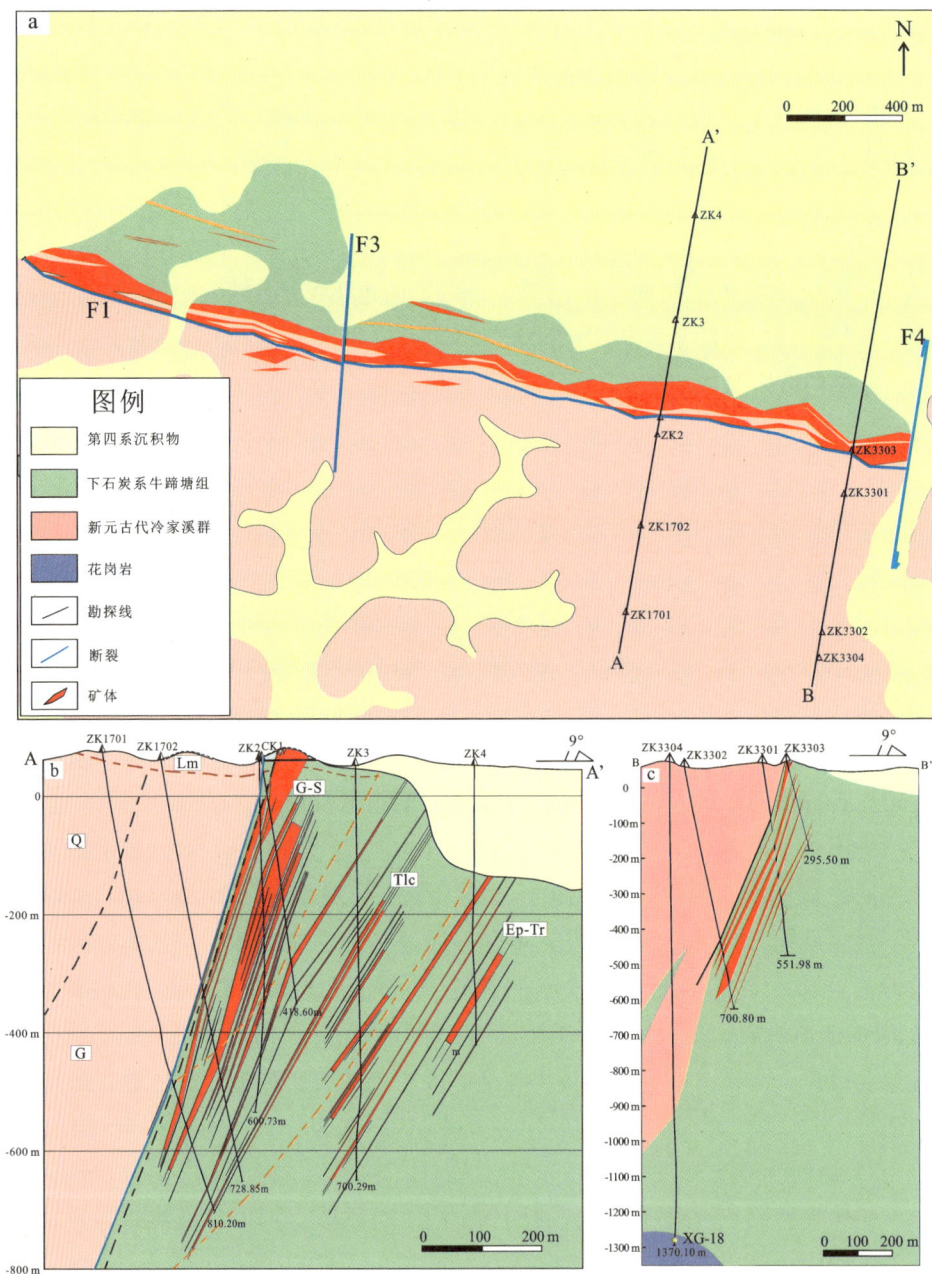

(a)虎形山钨多金属矿区地质简图；(b)矿区 17 线地质剖面图；(c)矿区 33 线地质剖面图。

图 3-2 矿区地质图

75°，为小型正—平移断层，穿切 F1，推测走向长约 300 m，平移距约 3 m。

F4：位于 33 线以东仰山冲—古家冲沟中，走向约为 9°，倾角为 75°，为正—平移断层，造成 F1 及下盘矿体不连续，推测走向长约 370 m，平移距约 160 m。

3.1.3 矿区岩浆岩

矿区东南面分布有巨大的幕阜山岩基，呈近 EW 向分布，岩性为燕山早期二长花岗岩。矿区近围有聂市花岗斑岩、石滚岭花岗斑岩、高桥花岗细晶岩等岩脉出露，这些岩脉一般规模较小，多沿层间及构造破碎带侵入，呈 NW 向分布。矿区内在虎形山—源潭断裂带（F1）下盘的寒武系牛蹄塘组（$\epsilon_1 n$）地层中见有数条小的花岗岩和花岗斑岩脉，长约 50 m，宽 1~6 m，走向 100°~110°，倾向南，倾角 60°~70°。沿层间及破碎带侵入，蚀变较强，地表受强风化作用而成黏土矿物和石英砂粒。岩体矿物成分：长石含量约 60%，石英 25%，绢白云母、白云母 15%，黑云母 3%，叶腊石、绿帘石少量。

ZK3304 在 1324 m 往下为中细粒花岗岩体，岩体矿物成分石英质量分数约 40%，钾长石质量分数约 28%，斜长石质量分数约 12%，白云母化黑云母质量分数约 10%，白云母质量分数约 4%，碳酸盐质量分数约 2%。岩体接触带为约 200 m 厚的硅质板岩，岩石板理发育，揉皱明细。岩石中石英脉较发育，脉宽 5~50 cm，部分脉中见有铜钼矿化。板岩上部为透辉透闪石矽卡岩，透辉石质量分数约 70%。矽卡岩中局部见有铜钼矿化，不连续。

3.1.4 矿区地球物理特征

1. 矿区物性参数特征

湖南省有色地质勘查局二四七队在普查阶段对矿区地表和钻孔揭露的各类岩（矿）石物性参数进行了测定，测定结果见表 3-2。

由表 3-2 可知：板岩类的岩石具有中强磁性、中高电阻率、低极化率、低密度的特性；含炭硅化灰岩类岩石具有弱磁性、中等电阻率、高极化率、低密度的特性；大理岩化硅质灰岩、硅质岩、角砾岩类的岩石具有弱磁性、高电阻率、中等极化率、高密度的特性；褐铁矿体具有弱磁性、低电阻率、高极化率、高密度的特性。

表 3-2 矿区岩(矿)石物性参数表

序号	矿石名称	地层时代	数量/个	采样位置	磁化率 k /(10^{-6}SI)	电阻率 ρ /($\Omega \cdot m^{-1}$)	极化率 η /%	密度 δ /(g·cm^{-3})
1	砂质板岩	Chl	21	ZK14401	150.00	2683	3.53	2.78
2	千枚状板岩	Chy	35	ZK8701	162.00	3298	1.70	2.75
3	细粒黄铁矿化硅化千枚状板岩	Chy	32	ZK402	1162.00	2120	5.60	2.80
4	硅化绿泥化千枚状板岩	Chy	26	ZK401	48.00	3182	2.31	2.88
5	绢云母板岩	Chy	25	东海水库	75.00	1165	14.31	2.73
6	含炭硅化灰岩	$\epsilon_1 n$	32	ZK401	84.00	1845	24.00	2.80
7	含炭质角砾岩	$\epsilon_1 n$	30	ZK8701	46.00	1499	16.76	2.79
8	含方解石细脉炭质灰岩	$\epsilon_1 n$	36	ZK14401	45.00	3169	24.80	2.81
9	硅化大理岩化灰岩	$\epsilon_1 n$	42	ZK401	50.00	4985	5.71	2.91
10	含白钨矿化角砾岩	$\epsilon_1 n$	27	ZK401	83.00	2344	1.55	2.90
11	构造角砾岩	$\epsilon_1 n$	21	ZK401	85.00	2462	5.64	2.90
12	硅质岩	$\epsilon_1 n$	31	刘家咀	24.00	3216	9.16	2.91
13	褐铁矿	$\epsilon_1 n$	32	付家湾	56.00	453	23.68	3.00

2. 矿区磁异常特征

磁法工作显示,全区磁场变化值在 160 nT 左右,最大值为 110 nT,最小值为 -52 nT。矿区磁异常总体上南正北负特征明显,梯度较为平缓,往南正磁异常未封闭,异常规模较大,这一异常特征显示该异常对应的磁源体深度较大,且负异常比正异常梯度平缓,说明对应的磁源体应往南倾斜。

根据异常的分布特征,基本可以将全区磁异常划分为一个强磁异常区和两个弱磁异常区,分别编号为 GC1、GC2 和 GC3(图 3-3),GC2、GC3 异常规模较小，现简述异常特征如下。

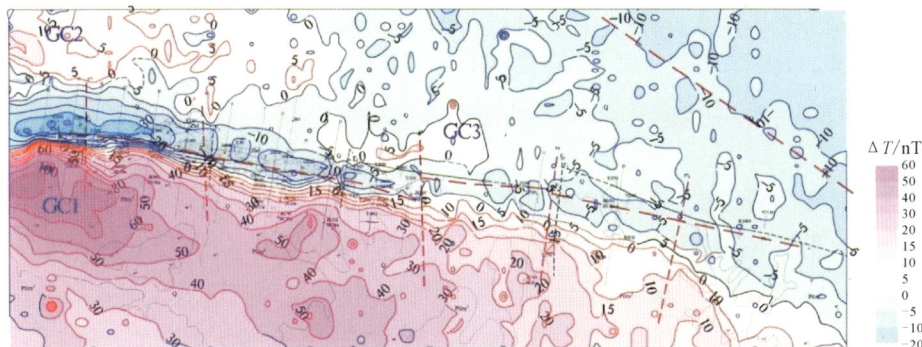

图 3-3　虎形山钨多金属矿区磁异常等值线平面图

GC1：位于测区南端，异常范围较大，磁异常呈长轴状特征，长轴走向为北西西向，中心位置在 8 号测线和 20 号测线之间，最大值为 110 nT，相对整个测区为较高磁异常，异常强度自西向南渐减弱。

GC2：位于测区西北角新湖口位置，磁异常分布在寒武系下统牛蹄塘组（$\epsilon_1 n$）地层，异常往北西未封闭，异常呈北西走向，最大异常值为 20 nT，异常规模较大，梯度较缓，形态不规整，无异常中心。

GC3：位于古家冲、野湖中学至汪家桥一带，磁异常分布在寒武系下统牛蹄塘组（$\epsilon_1 n$）地层，异常较弱，仅有 5 nT 左右，异常规模较小，形态不规整，无异常中心。

经场源分离后，虎形山深源磁异常呈现西南高、北东低的梯度带磁异常，引起深源磁异常的磁源体推测为虎形山下部的隐伏岩体的磁性外壳所致，这与区域重磁异常认识一致。虎形山浅源磁异常可分为两组，一组是位于虎形山 F1 断裂附近东西走向的磁异常带，另一组位于测区东面刘家祠堂—董家冲一带北西走向的异常，在本区未反映全，向南东继续延伸。两组异常规模较大，呈线性展布，经上延可推测异常为构造与热液活动的结果。前者即为 F1 断裂，后者因第四系浮土覆盖地表尚未发现。磁异常对应的磁源体反映了岩浆热液的存在，可能在测区东部同样存在类似"虎形山式"的矿床。

3. 矿区激电中梯异常特征

区内的视电阻率最大值为 3600 $\Omega \cdot m$，最小值为 25 $\Omega \cdot m$，视极化率最大值为 15%，最小值为 0.1%。根据异常的分布规律、幅值大小、形态特征确定本区地层岩石的视电阻率背景值为 300~800 $\Omega \cdot m$，视极化率背景值为 0.1% ~ 1.86%（图 3-4）。

视电阻率异常形态总体呈现出南高北低的现象，测区中部有一条明显分界线，把南北视电阻率异常分割开。为了更好地描述视电阻率异常，把视电阻率异常进行分类，即"两区、7 个异常点"。两区是指南区、北区；7 个异常点是指卢家门—杨家门、陈家门—坳上、罗家嘴—宋家湾、陈家嘴、晏家冲、周家咀、狮子垄等 7 处高阻异常点，编号分别为 JDZ-1 ~ JDZ-7。除 JDZ-3 外，6 个高阻异常分布在西部测区 F1 断裂以南的长城系易家桥组（Chy）砂质板岩、千枚状板岩及变质砂岩地层中。异常均呈东西向展布，中心明显，梯度较缓，分布面积较大。JDZ-3 高阻异常分布在西部测区 F1 断裂以北寒武系下统牛蹄塘组（$\in_1 n$）地层中，最大值为 2465 $\Omega \cdot m$，中心明显，梯度较缓。

视极化率异常主要分布在测区的中部，范围较大，异常总体走向为东西方向，局部有几处地段异常强度大，形态很不规则，以大于 5% 圈出的极化率异常有 8 处，编号分别为：JDJ-1 ~ JDJ-8。

激电异常为一个向西未封闭、向东到狮子垄，宽为 300 m，走向东西的异常带，由 8 处极化率异常组成，在东区、中区与高阻对应，分布在中元古代长城系冷家溪群易家桥组（Chy）地层，在西区与低阻对应，分布在寒武系下统牛蹄塘组（$\in_1 n$）地层。

4. 激电异常推断解释

从测区地质可知：测区北部（F1 断裂以北）出露的地层主要为寒武系下统牛蹄塘组（$\in_1 n$）碳酸盐岩地层，这套地层风化强，第四系分布广，含水量相对高，局部含炭质；测区南部（F1 断裂以南）出露的地层主要为长城系易家桥组中、上段板岩，千枚状板岩及浅变质砂岩，硅质含量相对较高。激电中梯异常特征显示：视电阻率异常南北两区与寒武系下统牛蹄塘组、长城系易家桥组两地层相对应，视电阻率异常中间狭长的东西向过渡带与寒武系下统牛蹄塘组、长城系易家桥组两地层接触带相吻合。测区北面视电阻率普遍较低，高阻的现

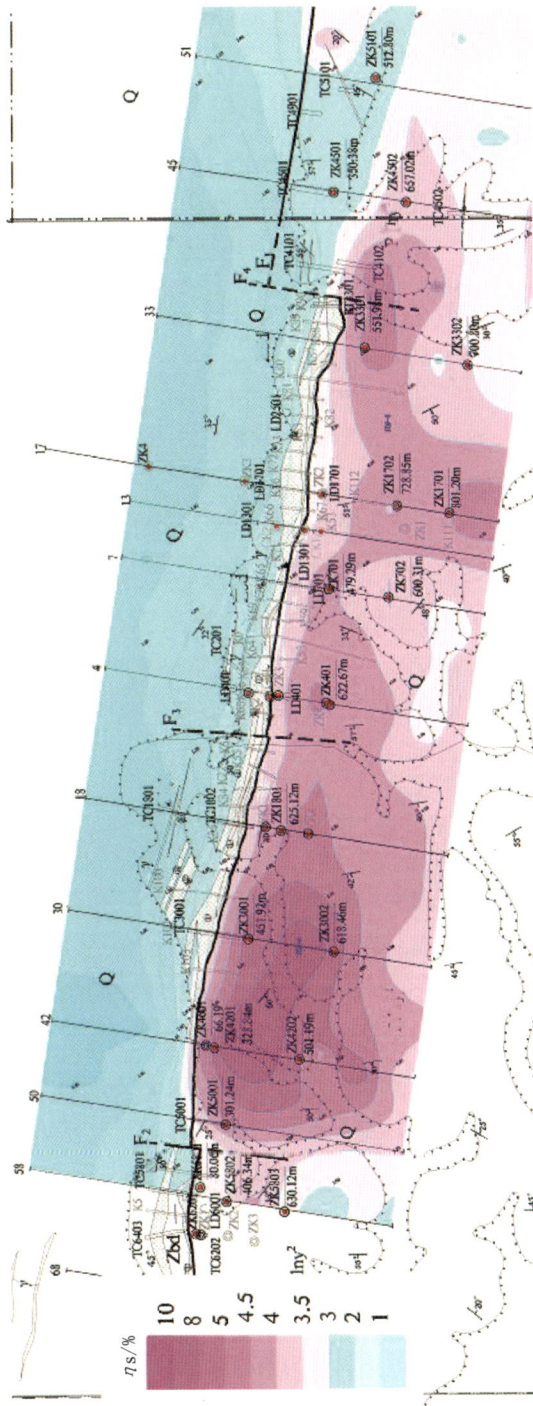

图 3-4　虎形山钨多金属矿区视极化率异常图

象主要是由硅化、大理岩化灰岩引起。断视电阻率异常呈现南高北低的特征，主要为地层岩性差异所致。

据统计矿区在 $300\sim500\ \Omega\cdot m$ 相连的狭长低阻带上角砾较发育，压碎、挤压现象明显，旁侧次级裂隙相当发育，大部分被云英岩脉或石英脉充填，脉体中含有大量的金属硫化物，推断为虎形山—源潭断裂带（F1）向西的延伸。该断裂是矿区主要的导矿构造和控矿构造。断裂 F1 因富含褐铁矿及金属硫化物，一般具有较强的激电效应，引起不同强弱大小的视极化率异常，视极化率异常佐证了这一点。

测区西部极化率异常主要分布在寒武系地层，而在测区中、东部则分布在长城系地层，前者为低阻高极化，后者为高阻高极化。引起这种差异的主要原因是测区西部的含炭质灰岩。

视电阻率在测区内出现 7 个高值区的原因主要是后期热液强蚀变硅化作用所致，但分布在测区西部北面寒武系下统牛蹄塘组（$\mathcal{C}_1n$）地层的视电阻率高值区，其视极化率也高；分布在测区南面中元古代长城系易家桥组（Chy）地层的视电阻率高值区，视极化率有高有低。测区中部高阻高视极化异常与 F1 矿化带大致吻合，说明 F1 断裂带热液活动较强、硅化云英岩化大理岩化等蚀变较强、金属硫化物则相对富集。

5. 矿区磁异常、激电中梯异常找矿预测

物探工作认为：虎形山地区找矿应有两种思路，一是寻找与深部隐岩体有关的金属硫化物型矿床，二是寻找与岩体热液活动及断裂构造有关的多金属矿床。查明虎形山隐伏岩体的空间位置和空间形态，以及查明与岩体有关的深大断裂构造是理学今后工作的重点。

通过对区域重磁资料的处理、研究，肯定了虎形山岩体的存在，初步推测虎形山岩体系幕阜山岩基向北西的局部凸起，已大致圈出了其基本轮廓和空间形态，推测的虎形山找矿远景区的形状如宽"8"字形，为虎形山下一步找矿提供了一种新思路。通过矿区高磁、激电中梯工作，推测出 7 条断裂，其中有 2 条是与岩体有关的深大断裂，圈出了 2 个找矿靶区，即虎形山—曾家冲、刘家祠堂—董家冲。预测依据有 4 点：①位于本区多金属矿的重要赋矿层位中；②具有线性展布、规模较大磁异常带，说明有深大断裂通过，热液蚀变作用强烈；③具有高阻高极化激电中梯异常；④位于推测的隐伏岩体接触带上。

3.1.5 矿区地球化学特征

1. 矿区岩石地球化学特征

矿区内地层、构造微量元素与背景值。

根据矿区内东、西部预查区的非见矿钻孔 ZK7301、ZK14401、ZK14402 原生晕样分析结果对矿区寒武系下统牛蹄塘组($\epsilon_1 n$)、中元古代长城系易家桥组(Chy)、中元古代长城系雷神庙组(Chy)地层和 F1 破碎带的统计，根据 ZK3302、ZK401、ZK1702、ZK42014 个钻孔矿体(以 W 质量分数 $\geq 8 \times 10^{-6}$ 为准)原生晕结果统计，对矿区内主要地层、构造的 13 种微量元素含量与矿体进行了比较，结果见表 3-3。

表 3-3 矿区主要地层、构造微量元素与岩石地化背景值对比表

地质单元	样数/个	W	Be	Li	Mo	Bi	Sn	Cu	Pb	Zn	Ag	Au	As	Sb
矿体	45	1128	137	474	17.2	31.2	6.5	56.5	53.4	225	0.64	1.34	233	12.4
$\epsilon_1 n$	55	1.5	0.6	29.7	0.50	0.14	1.9	13.3	13.0	81.0	0.11	0.71	29.9	4.2
Chy	67	32.7	73.2	4.0	36.8	3.00	2.7	0.74	76.1	1.0	0.11	0.22	23.6	25.8
Chl	20	3.0	1.7	41.7	0.61	0.20	2.7	35.1	17.6	82	0.09	7.40	63.0	17.0
F1 断层	32	2.4	1.35	64.6	0.46	0.13	1.7	15.6	17.5	50.0	0.26	4.51	133.8	9.0
背景值	174	15.9	28.8	27.6	14.5	1.25	2.3	11.4	38.6	44.6	0.14	1.99	50.4	14.9

注：元素平均含量除 Au 为 10^{-9} 外，其余均为 10^{-6}。

从以上各地质单元微量元素相对于矿区背景值比较得出：矿体中微量元素富集倍数从高至低顺序依次为 W→Bi→Li→Zn→Cu→Be→Ag→As→Sn。其中 W 富集 70 倍以上，Bi 富集 25 倍以上。

对于寒武系下统牛蹄塘组($\epsilon_1 n$)地层微量元素含量相对于矿区内背景含量来说，没有较强富集元素，弱富集元素仅有 Zn、Cu。此地层中主成矿元素背景均偏低，而又是赋矿重要层位，这说明了受高温岩浆热液活动影响，后期有多种成矿物质的渗入。

对于中元古代长城系易家桥组(Chy)地层微量元素含量相对于矿区内背景

含量来说,相对强富集元素有 W、Be、Mo、Bi,而 Pb、Sb、Sn 元素为弱富集。以上这些元素在此地层中高出背景含量,说明受高温热液活动影响。

对于中元古代长城系雷神庙组(Chl)地层微量元素含量相对于矿区内背景含量来说,相对强富集元素有 Au、Cu 元素,而 Zn、Li、As、Sb 元素属弱富集。以上这些元素在此地层中高出背景含量,说明此地层主要受中低温热液活动的影响。

对于 F1 构造带中微量元素含量相对于矿区内背景含量来说,相对富集元素有 Li、As、Au、Ag、Cu 元素。说明 F_1 断层矿区内有锂云母和含砷硫化物(毒砂)存在,经受了高至中低温多期热液活动的影响。

选取 10 个见矿钻孔中 W 质量分数≥6×10^{-4} 的 166 个原生晕样品作 R 型簇群分析,设相关系数为 0.1,将矿区内 13 种元素分为 3 组:W、Be、Li 一组;Cu、Sb、Zn、Mo、Bi、Pb、Ag 一组;Sn、Au、As 一组(图 3-5)。

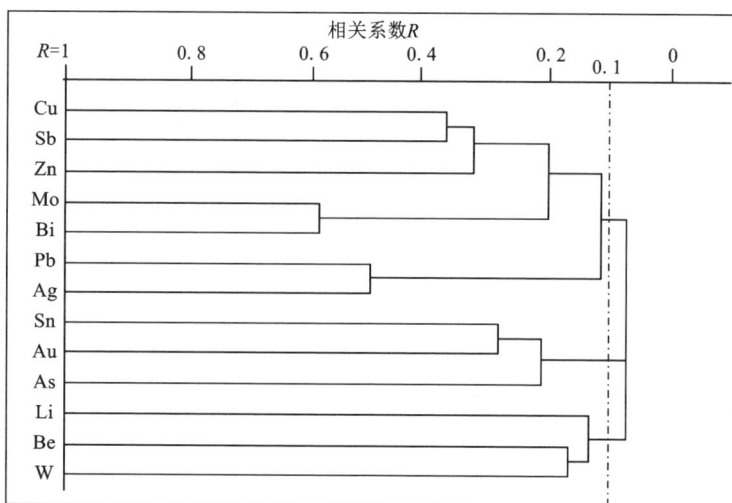

图 3-5 矿体微量元素簇群分析图

(湖南省有色地质勘查局二四七队,2011)

2. 钻孔原生晕地球化学特征

对矿区 20 个见矿钻孔的主要成矿元素进行分析,总结出原生晕地球化学特征如下。

(1)W、Li、Be 元素跳跃基本同步,说明 W、Li、Be 3 元素属于同一成矿期或阶段；而 Mo 跳跃变化与以上 3 种元素较不同步，说明 Mo 矿化属于不同时期或阶段。

（2）在 F1 下盘 W、Be、Mo、Bi 元素含量变化幅度明显增大，说明寒武系下统牛蹄塘组（$\epsilon_1 n$）地层中矿化比中元古代长城系易家桥组（Chy）地层四元素更为集中。特别是 Mo 元素在寒武系下统牛蹄塘组（$\epsilon_1 n$）地层中偏深部更为富集，这说明 Mo 矿化来源于深部，与隐伏岩体侵入关系更为密切。

（3）根据对勘探线剖面钻孔原生晕 13 种元素圈定的等值线图的总的趋势来看：W、Be、Li 为与矿体同体富集的元素；Pb、Zn、Ag、As、Sb、Au 为矿上晕元素；Cu、Mo、Sn、Bi、Ag 为侧晕元素，在矿体二侧上下盘均有分布。

（4）从 ZK5802、ZK5803、ZK4202 钻孔柱状图中看：中元古代长城系易家桥组（Chy）地层中的 W、Be 元素含量比寒武系下统牛蹄塘组（$\epsilon_1 n$）地层相对要高，说明矿带西段钨铍矿化主要集中于 F1 上盘地层中，过 F1 往深部矿化逐渐减弱。但往矿带东部的 ZK4502、ZK3302 钻孔中往下寒武系下统牛蹄塘组（$\epsilon_1 n$）地层 W、Be、Li 元素有更加富集的趋势，说明了矿体往东深部矿化越来越强，在矿体走向上有矿体向东部侧伏的现象。

（5）在中元古代长城系易家桥组（Chy）地层中 W 元素的跳跃起伏与 Be、Mo 元素变化相关不大，而 Li 元素起伏变化不大。

3. 矿区土壤地球化学特征

表生土壤地球化学特征。

矿区东、西部预查区内化探土壤剖面中非异常部分次生晕结果和见矿体异常次生晕结果见表 3-4。

表 3-4　矿区地层、矿体土壤中元素含量与背景值对比表

地质单元	样数/个	W	Be	Li	Mo	Bi	Sn	Cu	Pb	Zn	Ag	As	Sb	Au
矿体	8	188	11.5	116	0.9	0.70	5.0	28.6	38.5	64.5	0.17	126	4.7	5.5
$\epsilon_1 n$	124	5.0	2.3	53	1.2	0.49	4.1	31.7	37.1	91.0	0.11	30.7	4.1	3.3
Chy	97	5.6	3.5	36.0	0.9	0.45	2.3	30.0	31.0	70.7	0.07	38.8	2.9	3.0
Chl	170	4.4	2.2	53.0	1.0	0.48	3.9	31.0	34.6	75.7	0.09	38.2	2.6	4.0
背景值	492	3.8	2.2	39.9	0.9	0.43	3.5	27.7	29.9	68.3	0.06	19.1	1.4	2.1

注：土壤次生晕元素平均含量除 Au 为 10^{-9} 外，其他为 10^{-6}。

从表 3-4 中可知：矿体内元素含量相对于背景值富集程度从高至低顺序依次为：W→Be→Sb→Li→Ag→Au→Bi→Sn→Pb。其中 W 元素强富集近 50 倍，其他元素仅 1~5 倍。

寒武系下统牛蹄塘组（$\mathcal{E}_1 n$）地层土壤中元素含量相对于背景值较强富集的仅有 Sb 元素，弱富集的有 Li、Mo、Bi、Sn、Cu、Pb、Zn、Ag、As、Au 等元素，中元古代长城系易家桥组（Chy）地层土壤中元素含量相对背景值较强富集的有 As、Sb 元素，弱富集的有 W、Be、Bi、Cu、Pb、Zn、Ag、Au 等元素。说明以上地层有经历高温热液活动之后又有中低温后期热液活动的迹象。

4. 土壤剖面测量地化特征

通过对矿区东部、西部测区化探土壤剖面的测量工作，对矿区外围的次生晕异常特征划定了 5 个的综合异常区，其中东部测区 2 个，西部 3 个异常区。

1）化探东部测区

AS1：为 W、Li、Be（Ag、Pb、Au、As、Sb）等元素综合异常。通过 TC4101、TC4502、TC5101 探槽揭露，在 W 异常浓集中心大于（104~256）×10^{-6} 地段长城系易家桥组（Chy）地层中发现了 3 条含钨石英脉破碎带，并且云英岩化蚀变普遍。通过 ZK4501、ZK4502、ZK5101 孔钻探验证，在 F1 下盘寒武系下统牛蹄塘组（$\mathcal{E}_1 n$）地层中仍存在多条云英岩化的白钨矿体。

AS2：为 Au、As、Sb、Ag（W、Be、Bi）等元素综合异常。其中在 87 线靠北端地表发现金异常一处，此异常为单点高值异常，Au 含量达 525×10^{-9}，通过对异常地表槽探揭露，在 F1 破碎带中发现 1.4 m 厚的金矿体，Au 品位达 1.59 g/t。经 ZK8701 深部钻孔验证，在寒武系系统牛蹄塘组（$\mathcal{E}_1 n$）地层中发现 2 m 厚的金矿化，Au 品位达 0.53 g/t。在 168.3 m 深寒武系下统牛蹄塘组（$\mathcal{E}_1 n$）含炭质的灰岩地层中见 1.24 m 厚的钨矿体，其 WO$_3$ 品位为 0.113%。

东部测区综合认为：东部测区西段 AS1 以高温元素异常为主，东段 AS2 以中低温元素异常为主，也伴有较弱的 W、Be 高温元素异常，说明东部测区往东成矿温度有降低的趋势，钨铍找矿远景区主要位于徐家下屋以西地段，其东段具找金矿的前景。

2）化探西部测区

AS3：为 Au、As、Sb、Ag、Pb、Zn（Li、W、Mo）等元素综合异常。以中低温元素为主，分布范围广，但浓集中心不明显。高温元素以 Li、W、Mo 异常为主，但分布范围极窄，且浓集中心不明显。其中以分布于宋家门东南异常较集中，分布于 F1 两侧的寒武系下统牛蹄塘组($\epsilon_1 n$)和中元古代长城系雷神庙组(Chl)地层中，地表 TC14401 探槽揭露发现寒武系下统牛蹄塘组($\epsilon_1 n$)地层中石英脉较发育，TC14402 揭露了 F1 破碎带，其中有硅化现象和石英脉发育，TC16001 探槽中还揭露出 F1 破碎带中有铁锰矿化。深部 ZK14401 钻孔验证见寒武系下统牛蹄塘组($\epsilon_1 n$)为含炭质泥质的灰岩，其中以方解石脉发育，有少量石英脉穿插。ZK14402 见 F1 以寒武系下统牛蹄塘组($\epsilon_1 n$)硅化碎裂灰岩为主，其中充填有细粒黄铁矿。此异常经 4 个探槽和 2 个钻孔验证，未见矿化。

AS4：为 Ag、Pb、Zn、Au、Sb(Li、Mo、W)综合异常。以中低温元素为主。异常分布零散，没有明显的浓度中心，异常强度较弱。

AS5：为 Au、As、Sb、Au、Pb(Li、Mo、W)综合异常。以中低温元素为主。其中局部异常以洋溪湖渔场以北的 Au、As、Sb、Ag、Pb、Mo、W 异常较集中，明显受 F1 构造带控制，通过地表 TC30401 探槽揭露，见有褐铁矿体的含砾砂岩。该异常在今后工作中可进一步探索。

对西部测区综合认为：西部测区 W、Be、Li、Bi、Mo 等元素异常强度不高，主要以 Au、Ag、Pb、Zn、As、Sb 等中低温元素为主，异常范围较广、较分散，缺乏明显的浓集中心，Au 异常在今后工作中仍应重视。

3.1.6　围岩蚀变

1.围岩蚀变类型

矿区围岩蚀变种类较多，蚀变具分带现象，由浅至深蚀变逐渐增强。F1 断裂上盘中元古代长城系冷家溪群易家桥组(Chy)千枚状板岩、板岩及砂质板岩中以硅化、磁黄铁矿化为主；F1 断裂下盘寒武系下统牛蹄塘组($\epsilon_1 n$)灰岩、白云质灰岩、泥质灰岩中蚀变以透闪石化、透辉石化、硅线石化、石榴子石符山石矽卡岩化及绢英岩化等为主。近矿围岩蚀变有云英岩化、透闪石化、滑石化、硅化、磁黄铁矿化、透辉石化、矽卡岩化。具体描述如下。

硅化：冷家溪群易家桥组浅变质岩中均见硅化，如硅化千枚状板岩、硅化砂质板岩、硅化绢英岩、硅化灰岩、硅化大理岩等。硅化也常与大理岩化、云英岩化、绢英岩化、绿泥石化、蛇纹石化等蚀变同时出现，如硅化绿泥石化千枚岩、硅化蛇纹石化白云质灰岩等。

云英岩化：为矿区最重要的蚀变，与矿化关系极密切，伴随云英岩化往往出现钨铍矿化、铜钼钨矿化，牛蹄塘组碳酸盐岩地层中云英岩化较冷家溪群易家桥组浅变质岩中更强、更普遍。云英岩化一是局部形成云英岩，二是形成云英岩细脉(脉组或脉带)。

大理岩化：主要见于寒武系下统牛蹄塘组灰岩及白云质灰岩中，属较常见蚀变，多形成大理岩化灰岩或大理岩化白云质灰岩或大理岩，局部同时见硅化。

绿泥石化：较常见蚀变，同时多伴有硅化，形成绿泥石化硅化灰岩、硅化绿泥石化千枚岩。

绿帘石化：绿帘石化多与石榴子石、透辉石、符山石、透闪石等矽卡岩化同时出现，形成石榴子石—绿帘石—符山石矽卡岩或绿帘石透辉石化大理岩。

滑石化：矿区较常见蚀变，分布较广。滑石化多与硅化、蛇纹石化同时出现，主要蚀变岩类有滑石化灰岩、硅化滑石化千枚岩、硅化滑石化钙质白云岩、滑石化蛇纹石化千枚岩、滑石化蛇纹石化白云质灰岩。

萤石化：萤石化见于云英岩脉或石英脉中，无色、淡紫色萤石呈中粗粒状嵌布于石英及白云母粒间，脉中常见有白钨矿及少量绿柱石，同时见有黄铁矿、黄铜矿、闪锌矿或辉钼矿等金属硫化物，与矿化关系密切。

蛇纹石化：多与硅化、滑石化同时出现，蚀变岩类有蛇纹石化千枚岩、硅化蛇纹石化千枚岩、滑石化蛇纹石化白云质灰岩。

叶腊石化：与萤石化同时见于绢英岩中，形成萤石化叶腊石化绢英岩。

矽卡岩化：主要见于F1下盘寒武系牛蹄塘组灰岩、白云质灰岩及灰岩中，根据钻孔揭露情况，随深度加大，矽卡岩化增强。

黄铁矿化：矿区常见蚀变，其形成大致可分为3个阶段(3种类型)。一是成矿期前黄铁矿化，主要见于冷家溪群易家桥组千枚岩、千枚状板岩或粉砂质板岩中，多呈自形—半自形立方体状，星散状分布；二是成矿期(成矿热液作用)形成的黄铁矿化，主要见于石英脉、云英岩脉、矽卡岩或矽卡岩化灰岩及陡山沱组蚀变构造角砾岩中，多呈中细粒自形—半自形晶浸染状分布或呈细粒半自形—他形晶集合体产出，同时常见有黄铜矿、闪锌矿、辉钼矿或方铅矿等金属硫化物；三是成矿期后形成的黄铁矿化，主要为各岩层成矿期后裂隙中充填的黄铁矿细脉及陡山沱组成矿期后构造角砾岩形成的细粒黄铁矿集合体。

磁黄铁矿化：主要见于冷家溪群易家桥组千枚岩、千枚状板岩或粉砂质板岩中, 原岩中黄铁矿经后期热液作用而形成磁黄铁矿化。

褐铁矿化: 常见蚀变, 主要见于地表及浅部风化淋滤带中。矿区沿 F1 断裂带地表及浅部因原岩强云英岩化及成矿热液作用形成大量黄铁矿等金属硫化物, 经风化淋滤作用形成褐铁矿带, 褐铁矿多呈蜂窝状、肾形状、皮壳状、网格状、块状、粉末状, 富集地段构成褐铁矿体; 原岩中云母、石英、黑钨矿、白钨矿、绿柱石等赋存于褐铁矿中, 同时构成厚大的钨铍矿体。褐铁矿化的另一种类型为成矿期前与成矿期后所形成的黄铁矿经风化而成的褐铁矿化, 多呈粒状或立方体状(黄铁矿假象), 部分褐铁矿内包含有黄铁矿风化残晶。

碳酸盐化: 较常见且分布范围较广的蚀变, 主要为各岩石裂隙中充填的方解石脉。云英岩、矽卡岩、滑石化或透辉石透闪石化灰岩、蚀变构造角砾岩中, 亦见白云石化或方解石化(碳酸盐化)。

2. 蚀变分带特征

根据蚀变类型、特征及不同的蚀变组合。将蚀变带分为近地表风化淋滤带; F1 上盘易家桥组浅变质岩中 B-1、B-2 2 个蚀变带; F1 下盘寒武系牛蹄塘组碳酸盐岩中 A-1、A-2、A-3、A-4 4 个蚀变带。

矿床矿化也具有分带特征, 自地表浅部往深部依次分为浅部铅锌银带、中部钨铍带、深部铜钼带, 与围岩蚀变的分带具有对应关系(表 3-5)。

表 3-5　虎形山矿区蚀变分带特征

位置	蚀变带	主要蚀变	其他蚀变	主要矿化
	C: 风化淋滤带	褐铁矿化、高岭土化	孔雀石化	褐铁矿、钨矿化
F1 上盘	B-2	硅化、黄铁矿化	滑石化、蛇纹石化、磁黄铁矿化、碳酸盐化	褐铁矿、铅锌矿化
	B-1	硅化、云英岩化、黄铁矿化、滑石化、蛇纹石化	叶腊石化、绿泥石化、绢英岩化、碳酸盐化、黄铁矿化、磁黄铁矿化	褐铁矿、方铅矿化、闪锌矿化、黑钨矿化、白钨矿化

续表3-5

位置	蚀变带	主要蚀变	其他蚀变	主要矿化
F1 下盘	A—4	云英岩化、硅化、大理岩化	绢英岩化、滑石化、萤石化、黄铁矿化、碳酸盐化等	方铅矿化、闪锌矿化、白钨矿化、绿柱石型铍矿化
	A—3	云英岩化、滑石化、透辉石化、透闪石化、大理岩化、硅化	叶腊石化、绿泥石化、蛇纹石化、黄铁矿化、碳酸盐化、萤石化等	方铅矿化、闪锌矿化、白钨矿化、绿柱石型铍矿化
	A—2	云英岩化、透辉石透闪石矽卡岩化、石榴子石绿帘石符山石矽卡岩化等	叶腊石化、蛇纹石化、黄铁矿化、大理岩化、硅化、滑石化	方铅矿化、闪锌矿化、白钨矿化、辉钼矿化、绿柱石型铍矿化
	A—1	石榴子石、透辉石、符山石矽卡岩化、石榴子石透闪石矽卡岩化	云英岩化、硅化、大理岩化、萤石化、黄铁矿化、绢英岩化、硅线石化、碳酸盐化等	黄铜矿化、辉钼矿化、白钨矿化、绿柱石型铍矿化、

3.2 矿体特征

　　虎形山钨铍多金属矿床为石英、云英岩细脉带型白钨矿床和绿柱石铍矿床，矿床类型较简单。矿体呈脉状产出，主要受 F1 断裂带及其下盘寒武系牛蹄塘组地层控制。矿体走向与 F1 断裂带近于平行（图 3-6）（湖南省有色地质勘查局二四七队，2011，2019）。

　　钨矿化主要富集于 F1 断裂下盘寒武系下统牛蹄塘组（$\in_1 n$）云英岩化硅化滑石化细晶灰岩、大理岩化灰岩、白云质灰岩中。通过对矿体样品品位的频率统计（图 3-7）可知，矿体样品品位主要集中在 0.06% ~ 0.22%，呈近似正态分布，矿体品位总体较低，矿化较均匀。

图 3-6 虎形山矿区矿体空间分布立体图(俯视)

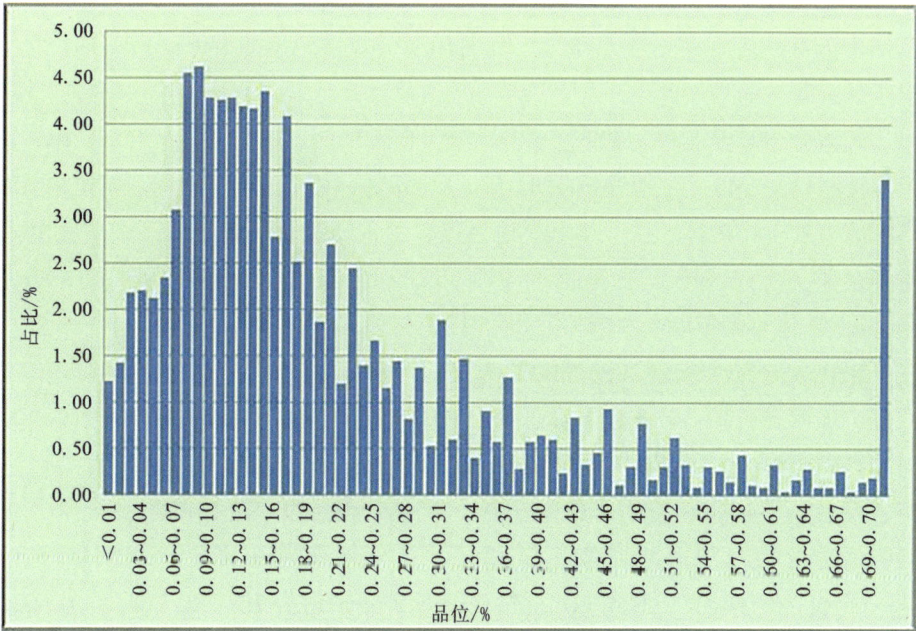

图 3-7 矿体品位分布频率图

3.2.1 矿体形态、产状及规模

矿区共圈定编号矿体 23 个,其中 1~5 号矿体为矿区主要矿体;6~16 号矿体为小矿体,位于 5 号矿体以下;F1 上盘中元古代长城系冷家溪群易家桥组千枚状板岩中云英岩脉较发育,钨铍矿化明显,根据工业指标圈定了 7 个小矿体,矿体编号 17~23。1~23 号矿体特征如下。

(1)1 号矿体为本矿区主矿体,赋存于虎形山—源潭断裂(F1)破碎带及其下盘寒武系牛蹄塘组地层中,呈近 EW 向展布,矿体倾向南(189°),倾角在 50°~80°之间。在横剖面上表现为上陡下缓的"S"形。55—66 线矿体出露地表,沿 F1 断层展布,矿体为氧化矿,与褐铁矿化胶结共生,37—55 线间为隐伏矿体。矿体沿走向长度已控制 2670 m,往东西仍有继续延伸的可能,沿倾斜方向最大控制深度为 650 m 左右,矿体厚度 1.52~65.79 m,平均厚度 19.57 m,厚度变化系数 76%,属厚度较稳定型矿体。品位一般为 0.1%~1.63%,平均品位 0.248%,品位变化系数 52%,属有用组分较均匀型的矿体。1 号矿体约占矿区总资源量的 60%。

矿体分布范围及控制情况:矿体西至 68 线以西,东至 33 线,已有 105 个工程控制(钻孔 45 个,地表槽探 41 条,浅部硐探 18 个,地表采样点 1 个)。对出露地表的 1 号矿体,33—36 线,地表控矿工程间距 40~80 m。浅部硐探主要集中在 4—33 线,控矿工程间距 40~80 m。深部钻探工程控制线距:80~160 m。矿体实际控制长 2180 m,最大控制标高范围 610 m(地表上 80 m 至地表下 530 m),最大控制斜长 730 m。

矿体形态产状:矿体总体形态为上宽下窄的厚板状或似层状,沿走向和倾向均有夹石分布。矿体赋存于 F1 断裂带、云英岩脉及下盘牛蹄塘组细晶灰岩、灰岩及白云质灰岩、大理岩化灰岩中。矿体产状受 F1 断裂制约,总体走向 99°~279°,南倾,总体上倾角上陡下缓,产状与 F1 基本一致且与 F1 同步转折。58—68 线,矿体陡倾,倾角 80°左右;50 线矿体倾角为 70°;42 线倾角为 60°;68—42 线间 1 号矿体产状逐步变缓。36—50 线地表第四系覆盖厚,地表没有施工探槽控制。4—36 线矿体整体上陡倾,矿体倾角约 75°。其中 30 线、18 线上部矿体近直立,−200 m 标高以下矿体变缓,倾角约 45°。3—17 线矿体倾角约 65°,整体上较稳定,矿体多夹石,分支复合较明显,厚度不稳定。25—33 线矿体整体上较陡,倾角约 75°。矿体厚度及变化情况:矿体在钻孔中见矿厚度

大且较稳定，最小厚度为 1.52 m(ZK3301)，最大厚度 65.79 m(ZK3004)。
42—68 线间，以 50 线为中心，矿体中部厚，往两端走向及深部逐渐变薄。33—
36 线厚度相对较均匀。矿体平均厚度 19.57 m，厚度变化系数为 $V_m = 76\%$，厚
度变化较为稳定。

矿体有用有害组分含量、变化规律及物理性质情况：根据物相分析结果，
地表探槽岩性、钻孔岩心编录、构造特征、选矿实验结果综合研究分析认为，
地表往下约 60 m 范围为氧化带钨矿体，矿石中的钨 85% 以上包含于赤褐铁矿
中，赤褐铁矿为主要有害组分，矿石类型为含钨赤褐铁矿。矿石主要呈黄褐
色、松散粒状结构、胶状结构、块状、蜂窝状、条带状或土状、结核状构造，硬
度小。

地表 60 m 以下为原生带钨矿体，矿石中主要有益组分是 WO_3、BeO，矿石
分选过程中主要有害组分是 CaO。矿石呈灰色、浅灰色微细晶结构、致密块状。
总体上原生带矿石属低品位单一白钨矿矿石。矿体平均品位为 0.248%，品位
变化系数 $V_c = 52\%$，品位分布较均匀。

(2)2 号矿体为矿区主矿体之一，局部出露地表，深部延伸稳定，厚度大，
连续性好。矿体赋矿围岩均为寒武系牛蹄塘组($\in_1 n$)蚀变泥质灰岩、白云质灰
岩、灰岩。赋存于寒武系牛蹄塘组($\in_1 n$)中的钨铍矿体边界均不清楚，依据分
析结果圈定矿体，矿体上下盘围岩均有钨(或钨铍)矿化。

矿体分布范围及控制情况：矿体位于 1 号矿体北侧(下盘)，与 1 号矿体近
平行产出，与 1 号矿体最小间距为 2.8 m，最大间距为 31 m。矿体西至 58 线以
西，东至 33 线，已有控制工程 46 个(钻孔 39 个，地表槽探 3 条，浅部硐探
4 个)。地表探槽位于 58 线附近，浅部硐探位于 3—7 线间，主要控制工程为钻
探。控制间距为 80~160 m。矿体实际控制长 1915 m，最大控制标高范围
725 m(-660~65 m)，最大控制斜长 780 m。

矿体形态产状：矿体总体为似层状或厚板状，矿体多有夹石分布，局部有
分支现象。矿体总体走向呈北西西向，倾向南西，位于 1 号矿体下盘，与 1 号
矿体近平行产出，产状与 1 号矿体基本一致。矿体倾角 60°~80°。矿体厚度及
变化情况：矿体在钻孔中见矿厚度大且较稳定，最小厚度为 1.07 m，最大厚度
27.14 m。平均厚度 8.56 m。厚度变化系数 $V_m = 87\%$，厚度变化较稳定。42—
68 线间，以 50 线为中心，矿体中部厚，往两端走向及深部逐渐变薄。33—
36 线厚度相对较均匀。

矿体有用有害组分含量、变化规律及物理性质情况：矿石中主要有益组分是 WO_3、BeO，WO_3 平均品位 0.169%，品位变化系数 $V_c = 40\%$，品位分布均匀。矿石分选过程中主要有害组分是 CaO。矿石呈灰色、浅灰色微细晶结构、致密块状。

(3) 3 号矿体赋矿围岩均为寒武系牛蹄塘组（$\in_1 n$）蚀变泥质灰岩、白云质灰岩、灰岩。赋存于寒武系牛蹄塘组（$\in_1 n$）中的钨铍矿体边界均不清楚，依据分析结果圈定矿体，矿体上下盘围岩均有钨（或钨铍）矿化。

矿体分布范围及控制情况：3 号矿体位于 2 号矿体下盘，与 2 号矿体近平行产出，矿体西至 50 线，东至 33 线，其中 13 线、25 线钻孔没有控制到 3 号矿体。已有控制工程 30 个（钻孔）。矿体实际控制长度 1680 m，最大控制标高范围 635 m（地表 43 m 至地表下 592 m），最大控制斜长 670 m。

矿体形态产状：矿体总体形态呈似层状、板状，局部有分支复合现象。矿体在 12—50 线，钻孔工程控制矿体深度在 -350 m 标高左右，4—33 线钻孔工程控制矿体深度在 -600 m 标高左右。其中 13 线、25 线钻孔工程没有控制到矿体。矿体在 30—50 线间倾角较缓，平均倾角约 55°。24 线往东，矿体明显变陡，平均倾角约 70°。矿体厚度及变化情况：矿体最小厚度 0.49 m，厚度最大为 11.70 m。矿体平均厚度 3.48 m，厚度变化系数 $V_m = 84\%$，度厚变化较稳定。

矿体有用有害组分含量、变化规律及物理性质情况：矿石中主要有益组分是 WO_3、BeO。WO_3 平均品位 0.147%，品位变化系数 $V_c = 16\%$，品位分布均匀。矿石分选过程中主要有害组分是 CaO。矿石呈灰色、浅灰色微细晶结构、致密块状。

(4) 4 号矿体赋矿围岩均为寒武系牛蹄塘组（$\in_1 n$）蚀变泥质灰岩、白云质灰岩、灰岩。赋存于寒武系牛蹄塘组（$\in_1 n$）中的钨铍矿体边界均不清楚，依据分析结果圈定矿体，矿体上下盘围岩均有钨（或钨铍）矿化。

矿体分布范围及控制情况：矿体位于 3 号矿体下盘，与 3 号矿体大致平行产出，共有 23 个钻孔工程控制。矿体实际控制长度 1680 m，最大控制标高 470 m（ -500~30 m）。

矿体形态产状：矿体主要呈薄板状，透镜状产出。矿体平均倾角约为 65°。矿体厚度及变化情况：最小厚度 0.53 m，最大厚度 10.07 m，平均厚度 2.70 m，厚度变化系数 $V_m = 99\%$，厚度变化不稳定。

　　矿体有用有害组分含量、变化规律及物理性质情况：矿体有用组分为 WO_3、BeO，WO_3 平均品位 0.179%，品位变化系数 $V_c = 27\%$，品位分布均匀。矿石分选过程中主要有害组分是 CaO。矿石呈灰色、浅灰色微细晶结构、致密块状。

　　(5)5 号矿体赋矿围岩均为寒武系牛蹄塘组($\in_1 n$)蚀变泥质灰岩、白云质灰岩、灰岩。赋存于寒武系牛蹄塘组($\in_1 n$)中的钨铍矿体边界均不清楚，依据分析结果圈定矿体，矿体上下盘围岩均有钨(或钨铍)矿化。

　　矿体分布范围及控制情况：矿体位于 4 号矿体下盘，与 4 号矿体大致平行。分布范围自 24—33 线矿体连续分布，控制工程 17 个(钻孔)。

　　矿体形态产状：矿体主要呈薄板状，平均倾角 60°。矿体厚度及变化情况：最小厚度 0.44 m，最大厚度 8.82 m，平均厚度 2.98 m，厚度变化系数 $V_m = 71\%$，厚度变化较稳定。

　　矿体有用有害组分含量、变化规律及物理性质情况：矿体有用组分为 WO_3、BeO，WO_3 平均品位 0.172%，品位变化系数 $V_c = 36\%$，品位分布均匀。矿石分选过程中主要有害组分是 CaO。矿石呈灰色、浅灰色微细晶结构、致密块状。

　　(6)6~23 号矿体均为少量工程控制，以列表方式进行资源量估算。矿体主要特征见表 3-6。

表 3-6　6~23 号矿体主要特征表

矿体号	赋矿层位	分布及控制情况	平均厚度/m	平均品位 $w(WO_3)/w(BeO)$ /%	主要蚀变矿化
6	$\in_1 n$	ZK1803	2.80	0.158/0.017	滑石化硅化大理岩化白钨矿化
7	$\in_1 n$	ZK1801、ZK1803	5.19	0.144/0.032	滑石化硅化大理岩化白钨矿化
8	$\in_1 n$	ZK1803	5.30	0.122/0.045	滑石化硅化大理岩化白钨矿化
9	$\in_1 n$	ZK3、CK1、ZK2	3.62	0.184/0.042	滑石化硅化大理岩化白钨矿化
10	$\in_1 n$	ZK3、ZK1702、ZK1701(17 线)	4.16	0.182/0.037	滑石化硅化大理岩化白钨矿化
11	$\in_1 n$	ZK3	3.80	0.139/-	滑石化硅化大理岩化白钨矿化

续表3-6

矿体号	赋矿层位	分布及控制情况	平均厚度/m	平均品位 $w(WO_3)/w(BeO)/\%$	主要蚀变矿化
12	$\in_1 n$	ZK3（17线）	6.30	0.135/-	滑石化硅化大理岩化白钨矿化
13	$\in_1 n$	ZK3、ZK4（17线）	5.53	0.153/-	滑石化硅化大理岩化白钨矿化
14	$\in_1 n$	ZK4（17线）	1.84	0.141/-	滑石化硅化大理岩化白钨矿化
15	$\in_1 n$	ZK3、ZK4（17线）	2.78	0.156/-	滑石化硅化大理岩化白钨矿化
16	$\in_1 n$	ZK4（17线）	12.79	0.147/-	滑石化硅化大理岩化白钨矿化
17	Chy	ZK3002	1.82	0.135/0.011	云英岩脉白钨矿化
18	Chy	ZK3002	1.22	0.158/0.017	云英岩脉白钨矿化
19	Chy	ZK3001	1.15	0.208/0.010	云英岩脉白钨矿化
20	Chy	ZK3003	2.43	0.447/0.055	云英岩脉白钨矿化
21	Chy	ZK3003	1.22	0.160/0.016	云英岩脉白钨矿化
22	Chy	CK1	3.13	0.171/-	云英岩脉白钨矿化
23	Chy	ZK2	0.90	0.292/-	云英岩脉白钨矿化

3.2.2 矿石特征

1. 矿石的矿物成分

1）主要矿物类型

虎形山矿区已发现的矿物种类多，矿物成分较复杂，主要矿物类型如下。

矿石矿物：白钨矿、黑钨矿；绿柱石、黄铜矿、辉钼矿、闪锌矿、辉铋矿等。

其他金属矿物：黄铁矿、磁黄铁矿、方铅矿（图3-8、图3-9）。

地表风化淋滤带次生氧化物有：褐铁矿、赤铁矿、铁锰氧化物、孔雀石、钨华等。

脉石矿物主要有：方解石、白云石、石英、萤石、滑石、云母（白云母、黑云母、绢云母、锂云母）、绿泥石、透辉石、石榴子石、透闪石、蛇纹石、叶腊石、符山石、绿帘石、硅线石、长石等。

2）主要金属矿物特征

黑钨矿：多为半自形中—粗粒板状晶，晶体大小 1 mm×2 mm。主要以 3 种方式存在：①与石英紧密嵌生，分布于石英脉边部，主要见于易家桥组千枚状板岩中；②被绢云母及细粒石英包围，主要见于 F1 断层附近的绢英岩中；③嵌布于石英、云母、褐铁矿中，因与后期铁锰质氧化物及石英、云母共生，肉眼难于辨别，主要见于地表风化带中。1 号矿体浅部黑钨矿可占钨总量的 25.65% ~ 62.73%。

白钨矿：多呈半自形晶或他形粒状，与方解石、白云石、萤石、石英紧密共生，或嵌布于石英、云母粒间，或呈细脉状充填于硅化大理岩化灰岩小裂隙中。白钨矿粒径小，一般 0.1~0.3 mm，最小 0.036 mm，最大 1~5 mm。其主要赋存形式有以下几种(图 3-8)。

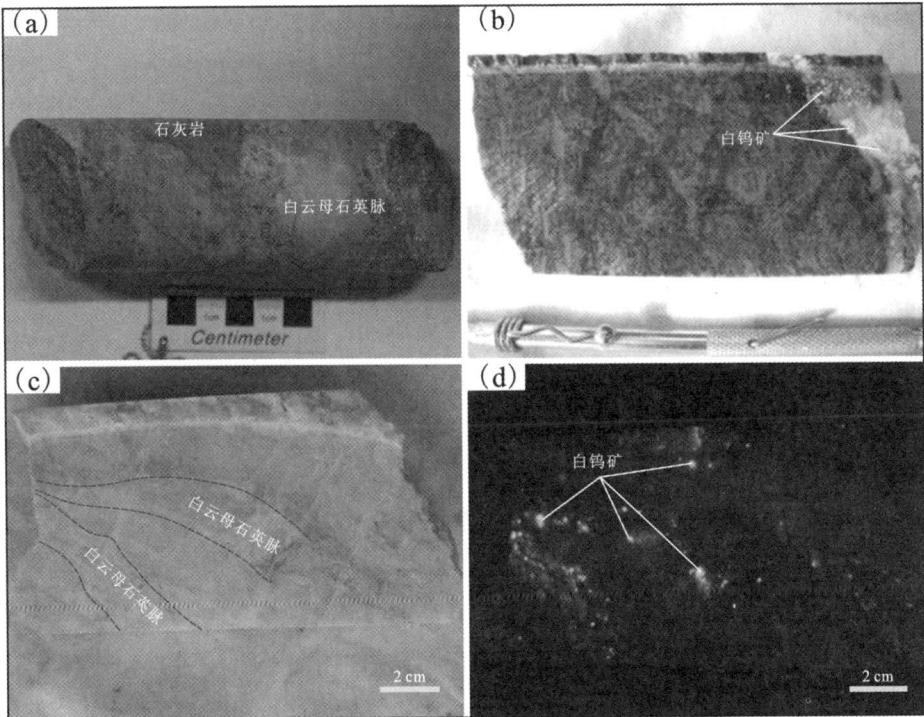

（a)大理岩化灰岩脉，主要由白云母和石英组成，呈浸染型 W 矿化；(b)蚀变花岗岩发育浸染型白钨矿；(c)白云母—石英脉的白钨矿；(d)荧光灯下浸染型白钨矿晶体。

图 3-8 虎形山矿床钻孔岩芯照片及白钨矿矿石标本

产于浅部褐铁矿化带中，与石英、云母、褐铁矿紧密共生，表面多为铁锰质氧化物污染或包裹于褐铁矿中，肉眼难以辨别，荧光灯下无反映或反映弱。

产于云英岩脉中，是矿区内主要钨矿化类型，多呈半自形、他形中粗粒状或集合体产出，与云母、石英或萤石紧密嵌生。

产于石英脉中，多呈半自形、他形中粗粒分布，与石英或石英萤石紧密嵌生，脉中多见有闪锌矿、黄铜矿、黄铁矿等金属硫化物。

产于强硅化、绿泥石化、滑石化蚀变破碎灰岩的石英脉或石英团块中，呈半自形中粗粒状或他形集合体产出，部分呈中细粒浸染状分布。

产于滑石化硅化大理岩化灰岩中，多呈中细粒浸染状分布或呈细脉浸染状产出。

产于云英岩化灰岩中，呈中细粒浸染状分布，嵌布于云母、方解石、白云石或萤石粒间。

绿柱石：矿区主要含铍矿物，多呈半自形—自形柱状晶产出，一般柱径为 0.2 mm，最大 2.5 mm，最小 0.03 mm。绿柱石主要有 3 种存在形式：①呈小柱状产于云英岩脉中，多沿脉壁且垂直脉壁生长，与石英、萤石、云母紧密共生；②与白钨矿、石英、云母共同产于褐铁矿带中；③产于滑石化硅化灰岩或滑石化透辉石透闪石化硅化灰岩中，绿柱石多呈细柱状嵌布于细板片状滑石中或嵌布于透辉石透闪石、方解石、石英粒间。

黄铜矿：为细粒半自形—他形晶，多聚集成集合体产出（图 3-9）。黄铜矿存在形式有：①见于石英脉或含萤石的石英脉中，同时可见闪锌矿、辉钼矿、毒砂等；②见于强硅化、绿泥石化滑石化角砾岩中，与黄铁矿、闪锌矿、辉钼矿、白钨矿等嵌布于石英、云母、绿泥石粒间；③产于硅化、滑石化、绿泥石化灰岩中，与滑石、绿泥石伴生。镜下可见黄铜矿呈不规则状沿闪锌矿交代连生，亦可见辉钼矿呈不规则状沿黄铜矿边缘交代。

闪锌矿：棕褐色—黑褐色，半自形—他形集合体产出，主要见于石英脉及硅化矽卡岩化灰岩中，镜下闪锌矿边缘可见黄铜矿交代现象。

方铅矿：方铅矿沿黄铁矿和毒砂微裂隙充填。钢灰色，呈半自形—自形集合体产出，主要见于石英脉及硅化矽卡岩化灰岩中，镜下可见方铅矿沿黄铁矿边缘交代现象（图 3-9）。

辉钼矿：钢灰色，多呈不规则片状集合体产于石英脉中，或呈鳞片状分散分布于硅化矽卡岩化灰岩或矽卡岩中。

辉铋矿：钢灰色，具强金属光泽，呈长柱状或针柱状，仅见于含金属硫化物的石英脉中。

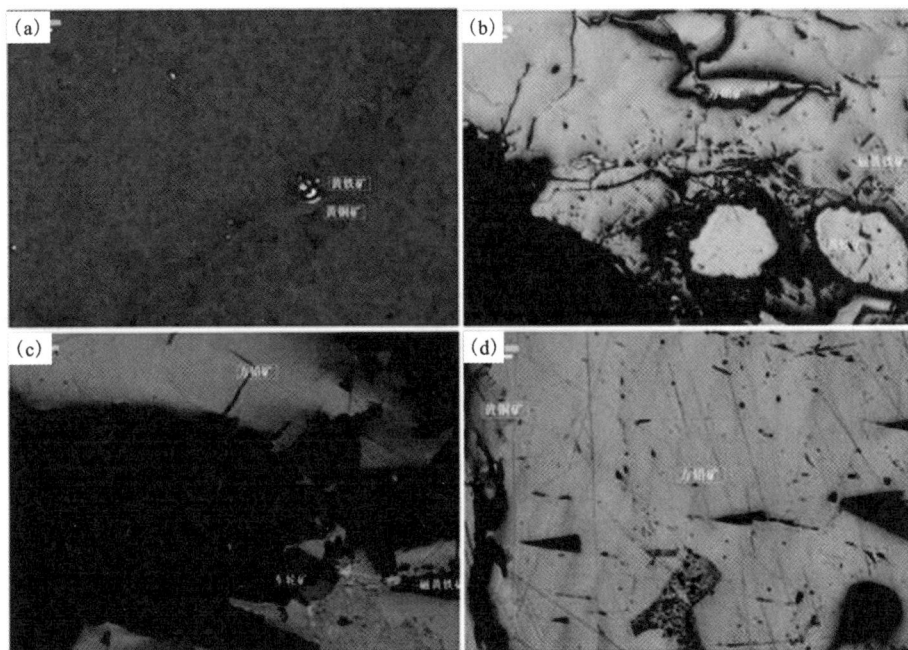

图 3-9 虎形山矿床部分金属矿物特征

2. 矿石化学成分

各类矿石化学成分见表 3-7，根据各矿石样品矿物成分及化学分析结果可分为 4 类：一类是产于 F1 断层上盘冷家溪群易家桥组有较强的云英岩化、滑石化、硅化板岩、千枚状板岩中钨矿体的矿石，SiO_2 质量分数为 58.72% ~ 59.59%，Al_2O_3 质量分数 4.88%~11.27%，Fe_2O_3 质量分数 6.39%~7.59%，如 1 号、2 号矿石样；二类是 1 号矿体地表含褐铁矿矿石，高硅、高铝，Fe_2O_3 质量分数明显增高，为 22.83%，以 3 号样为代表；三类是云英岩化硅化角砾岩型矿石，同样具有高硅特征，SiO_2 质量分数 66.74%，Al_2O_3、K_2O、Fe_2O_3 质量分数偏高，分别为：12.99%、4.20%、6.14%，以 4 号矿样为代表；四类是 F1 断层下盘产于寒武系上统牛蹄塘组蚀变灰岩、泥质灰岩、白云质灰岩中各矿体的矿石，具有高钙、高镁特征。SiO_2 质量分数一般为 29.22%~33.44%，说明有较强硅化，CaO 质量分数为 14.46%~24.08%，MgO 质量分数为 5.89%~12.39%。

由表 3-7 可知，矿石主要有用组分 WO_3 质量分数为 0.109%~0.480%，部分矿石样中 BeO 质量分数大于 0.03%，达钨矿床伴组分指标要求。1 号样中 Sn 质量分数达 0.34%，值得关注，但 F1 断层下盘矿样中 Sn 含量较低。矿石中有害组分 P、S 质量分数较低，P 质量分数为 0.05%~0.350%；S 质量分数为 0.01%~0.196%。

表 3-7　矿石化学全分析结果表　　　　　　　单位：%

矿石样	SiO_2	Al_2O_3	K_2O	Na_2O	CaO	MgO	Fe_2O_3	FeO	S
1 号云英岩细脉型滑石化千枚状板岩矿石	59.59	4.88	1.91	0.155	0.635	4.92	6.390	0.475	0.01
	P	BeO	WO_3	Li_2O	Cu	Sn	Pb	Zn	
	0.165	0.0248	0.160	0.055	0.08	0.340	0.006	0.0355	
2 号云英岩细脉型滑石化硅化千枚状板岩矿石	SiO_2	Al_2O_3	K_2O	Na_2O	CaO	MgO	Fe_2O_3	FeO	S
	58.72	11.27	3.23	0.180	1.450	4.82	7.590	0.700	0.021
	P	BeO	WO_3	Li_2O	Cu	Sn	Pb	Zn	
	0.130	0.0370	0.220	0.160	痕迹	0.046	痕迹	0.0460	
3 号云母石英褐铁矿型矿石	SiO_2	Al_2O_3	K_2O	Na_2O	CaO	MgO	Fe_2O_3	FeO	S
	50.54	7.85	2.38	0.075	1.050	1.56	22.830	0.100	0.01
	P	BeO	WO_3	Li_2O	Cu	Sn	Pb	Zn	
	0.350	0.0480	0.480	0.060	痕迹	0.020	痕迹	0.0710	
4 号云英岩化硅化角砾岩型矿石	SiO_2	Al_2O_3	K_2O	Na_2O	CaO	MgO	Fe_2O_3	FeO	S
	66.74	12.99	4.20	0.200	0.330	0.25	6.140	0.290	
	P	BeO	WO_3	Li_2O	Cu	Sn	Pb	Zn	0.012
	0.100	0.0130	0.109	0.060	痕迹	0.037	痕迹	0.0370	
5 号云英岩化大理岩化灰岩型矿石	SiO_2	Al_2O_3	K_2O	Na_2O	CaO	MgO	Fe_2O_3	FeO	S
	29.22	0.30	2.40	0.140	14.460	11.13	0.100	1.640	0.181
	P	BeO	WO_3	Li_2O	Cu	Sn	Pb	Zn	
	0.065	0.140	0.180	痕迹	0.024	痕迹	0.0240	0.140	
6 号绿泥石透闪石滑石化灰岩型矿石	SiO_2	Al_2O_3	K_2O	Na_2O	CaO	MgO	Fe_2O_3	FeO	S
	31.74	0.18	1.70	0.400	24.080	5.89	0.000	1.010	
	P	BeO	WO_3	Li_2O	Cu	Sn	Pb	Zn	0.196
	0.050	0.0060	0.280	0.100	痕迹	0.015	痕迹	0.0320	

续表3-7

矿石样	SiO$_2$	Al$_2$O$_3$	K$_2$O	Na$_2$O	CaO	MgO	Fe$_2$O$_3$	FeO	S
7号方解石（白云石）—石英—云母—萤石型白钨绿柱石型矿石	SiO$_2$	Al$_2$O$_3$	K$_2$O	Na$_2$O	CaO	MgO	Fe$_2$O$_3$	Au	Ag
	33.44	6.02	2.77	0.22	21.52	12.39	2.39	0.11	3.89
	P	BeO	WO$_3$	Li$_2$O	Cu	Sn	Pb	Zn	
	0.082	0.035	0.143	0.084	0.0091	0.0033	0.0052	0.0196	

注：1~6号为原冶金二三五队资料，北京地质研究所测试结果。7号为1号矿体综合矿石样，二四七队资料，湖南省矿产测试利用研究所测试结果。

3. 矿石结构构造

　　浅部褐铁矿化带中钨矿体，矿石结构主要为胶状结构、松散粒状结构，矿石构造为蜂窝状、块状、条带状或土状、结核状。

　　深部原生带钨矿体，矿石结构以半自形晶—他形粒状结构为主，少量自形晶结构，矿石构造主要为浸染状、细脉状、块状、细脉浸染状、角砾状等。

　　不同矿化类型矿石结构构造特征见表3-8。

表 3-8　矿石结构构造特征表

矿石类型	结构特征	构造特征	矿石矿物结构及分布
云母石英褐铁矿型矿石	松散粒状结构、胶状结构	蜂窝状、条带状、土状、结核状构造	半自形—他形粒状结构分散状分布
云英岩细脉型滑石化千枚状板岩矿石	鳞片变晶构造、显微鳞片变晶结构	千枚状构造、皱纹状构造、细脉状构造	半自形—他形中细粒或中粗粒结构
云英岩细脉型滑石化硅化千枚状板岩矿石	显微鳞片变晶结构、交代结构或交代残余结构	千枚状构造、皱纹状构造、细脉状构造	浸染状、细脉浸染状或星散状分布

续表3-8

矿石类型	结构特征	构造特征	矿石矿物结构及分布
云英岩化大理岩化灰岩型矿石	碎裂—交代结构、交代残余结构、粒状变晶结构、鳞片变晶结构等	块状构造、条带状构造	半自形—他形中细粒或中粗粒结构 浸染状、细脉浸染状或星散状分布
云英岩化硅化角砾岩型矿石	碎裂结构、交代结构、交代残余结构	角砾状构造	半自形—他形粒状结构 浸染状分布或成集合体产出
绿泥石透辉石滑石化灰岩型	显微鳞片或纤维变晶结构、交代结构、交代残余结构	块状构造、条带状构造	半自形—他形粒状结构 浸染状或星散状分布
石榴子石绿帘石透闪石符山石矽卡岩型矿石	柱状变晶结构、粒状变晶构造、交代结构、交代残余结构	块状构造	半自形—他形粒状结构 浸染状分布

3.2.3 矿体类型与品级

钨(或钨铍)矿石类型：1号矿体浅部褐铁矿化带(风化淋滤带)主要钨矿物为白钨矿及黑钨矿，钨华中钨含量较高，含铍矿物为绿柱石；1号矿体下部及其他钨或钨铍矿体，含钨矿物主要为白钨矿，含铍矿物为绿柱石。

根据矿物共生组合特征，本区钨(或钨铍)矿分为石英—云母—褐铁矿型；石英—云母型(或石英—云母—萤石型)；方解石(白云石)—石英—云母—萤石型(最主要的矿石类型)；透辉石透闪石石榴子石—石英—萤石型。

3.3 矿床成矿阶段划分

在虎形山矿床中，钨矿化的主要类型被确定为脉型矿化，主要以石英—白钨矿—白云母—萤石脉和由黄铁矿—闪锌矿—黄铜矿组成的石英—白钨矿细脉出现。矿脉的大小不一，宽度为0.2~5 cm。浸染细粒白钨矿在早期矽卡岩组合或蚀变碎裂灰岩中结晶。

矿区已见有风化淋滤作用形成的含钨褐铁矿化；热液作用及气成热液作用形成的白钨矿化、黑钨矿化、绿柱石铍矿化、闪锌矿化、黄铜矿化、辉钼矿化、辉铋矿化、金矿化等。

矿区矽卡岩矿物主要由透辉石和通过交代反应形成的硅灰石—方解石共生体组成。在演化阶段，新的矿物组合取代了早期的矽卡岩矿物相。这些矿物组合包括透闪石、绿帘石、滑石、叶蜡石、蛇绿岩、绿泥石和白云石。方解石和石英伴生白钨矿和黄柱石(绿柱石)以及少量萤石、黄铜矿和辉钼矿。白钨矿和少量黑钨矿出现在切割蚀变大理岩的石英脉中。逆矽卡岩阶段后，由于系统冷却，矿物转变为多种含水硅酸盐，形成热液脉型矿化。热液硫化物阶段的矿石矿物包括白钨矿、磁黄铁矿、黄铜矿、黄铁矿、闪锌矿和方铅矿，并伴有少量辉钼矿和铋铁矿。脉石矿物有萤石、方解石、石英、绿泥石、白云石、云母、长石等。热液硫化物阶段(图 3-10)矽卡岩、石灰岩和蚀变新元古代地层中填充的白云母石英脉、方解石滑石脉和石英脉。

综合分析来看，矿床成矿可分为 3 个成矿期。

第一期为矽卡岩期。根据矿物组合特征及矿物蚀变特征分为进变质阶段和退变质阶段。其中进变质阶段见标志性矽卡岩矿物组合，代表性矿物组合包括硅灰石、透辉石、符山石等；退变质阶段主要见大量蚀变矿物和少量金属矿物，热液蚀变矿物主要为绿帘石、绢云母和蛇纹石等，与成矿相关的矿物组合为石英—方解石—黑钨矿—白钨矿等，钨等金属矿物开始在热液蚀变过程中沉淀富集。

第二期为热液硫化物期，为矿区主成矿期。根据野外观察结合矿脉穿插顺序、矿物生成顺序以及镜下观察矿物交代包围等特征，此成矿期细分为 4 个阶段，即 I 阶段：石英脉阶段；II 阶段：石英—白云母—白钨矿阶段；III 阶段：石英—白钨矿—硫化物阶段；IV 阶段：石英—碳酸盐阶段。其中矿物生成顺序表见图 3-11。结合野外描述及镜下观测，各阶段有如下特征：

I 阶段：发育较纯的透明石英与乳白色石英，呈细脉至中粗脉状，含矿性差。

II 阶段：云英岩—钨矿阶段。岩浆热液沿 F1 断裂破碎带上升后在 F1 旁侧次级裂隙中充填。该阶段石英脉中可见白云母呈对称带状，脉中发育白钨矿，位于脉壁与脉中心，一般为细脉至中粗脉状；且生长白钨矿的地方一般都有白

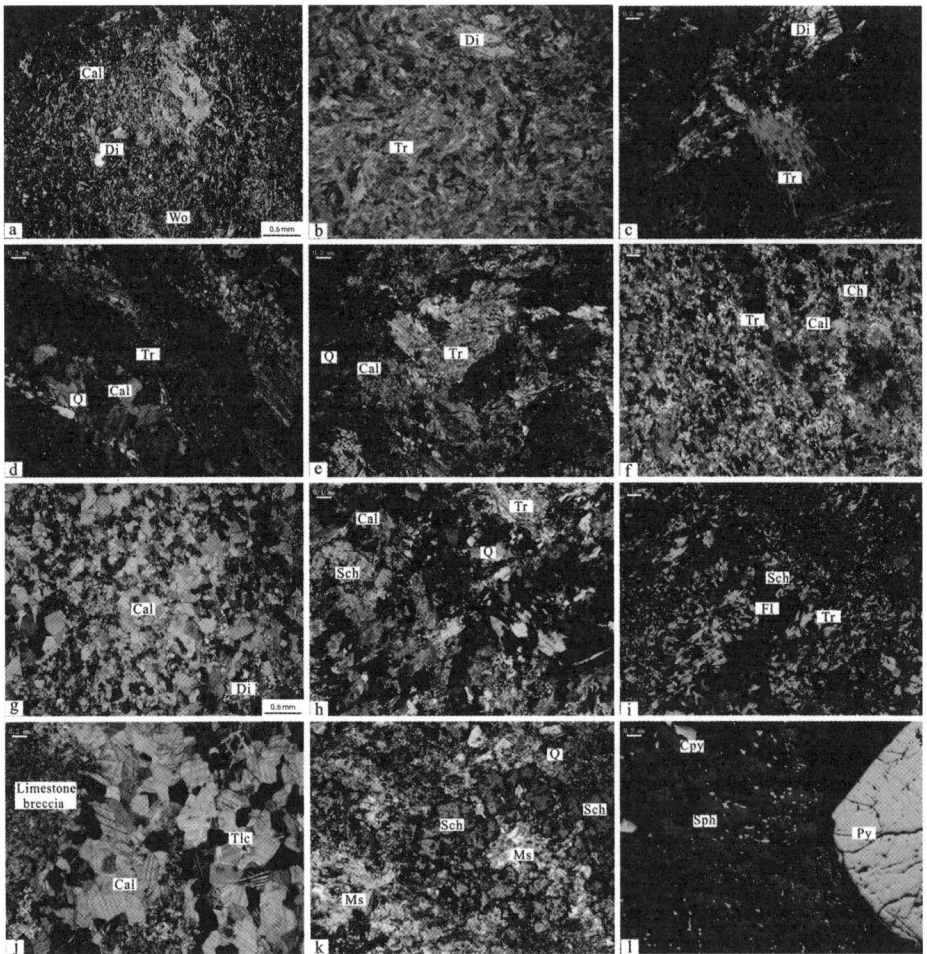

Wf—黑钨矿；Sch—白钨矿；Py—黄铁矿；Sph—闪锌矿；Gn—方铅矿；Cp—黄铜矿；
Pyr—磁黄铁矿；Cal—方解石；Qz—石英；Tl—透闪石；q—石英脉。

图3-10　虎形山矿床成矿阶段矿物特征

云母，为白钨矿成矿阶段。

Ⅲ阶段：云英岩脉（石英脉）—钨多金属阶段。含矿热液（主要为中温含矿热液）继续沿 F1 断裂破碎带上升在旁侧裂隙中充填交代，在形成较广泛的云英岩化的同时，热液充填交代过程中，矿化元素不断富集，形成了白钨矿、绿柱石，同时有黄铁矿及少量黄铜矿、闪锌矿、方铅矿、辉钼矿、辉铋矿等金属硫化物产出。为本区重要的钨及其他伴生矿种的成矿阶段。

Ⅳ阶段：该阶段脉石矿物发育有方解石、萤石和石英。脉体规模一般为细脉状，见黄铁矿等金属矿物，见少量铅锌、黄铁矿化。

第三期为表生作用期，为成矿后近地表风化淋滤阶段，主要有地表褐铁矿化、钨华发育。

各成矿阶段及矿物生成顺序见图 3-11。

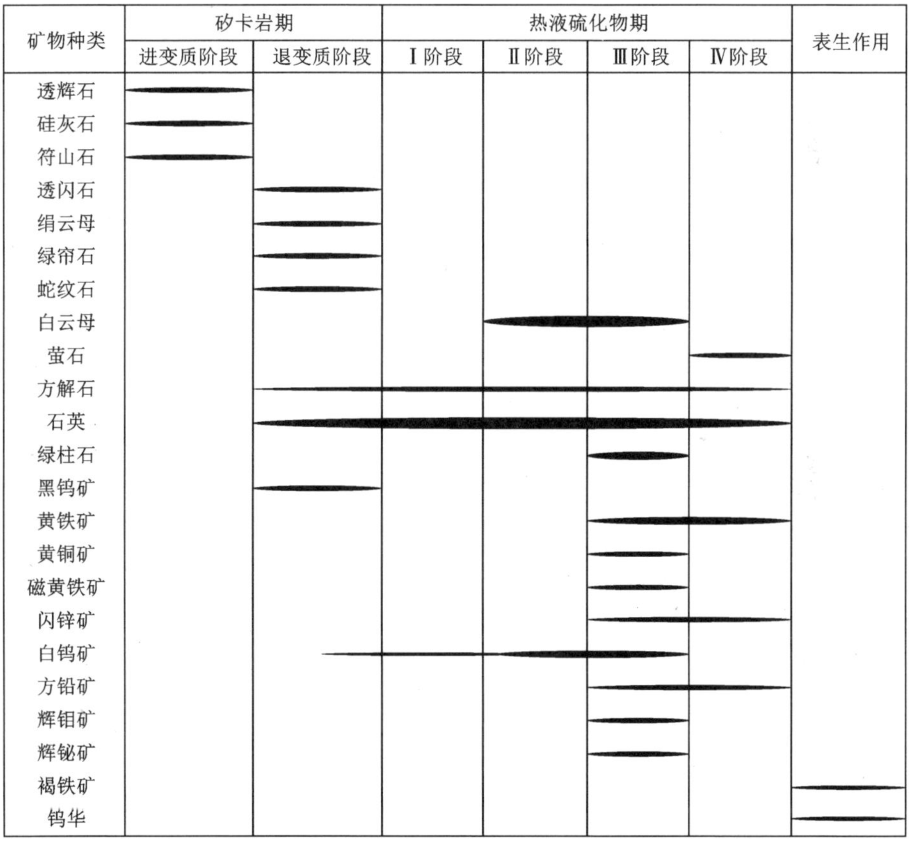

矿物种类	矽卡岩期		热液硫化物期				表生作用
	进变质阶段	退变质阶段	Ⅰ阶段	Ⅱ阶段	Ⅲ阶段	Ⅳ阶段	
透辉石	▬						
硅灰石	▬						
符山石	▬						
透闪石		▬					
绢云母		▬					
绿帘石		▬					
蛇纹石		▬					
白云母				▬			
萤石						▬	
方解石	▬						
石英	▬						
绿柱石					▬		
黑钨矿		▬					
黄铁矿					▬		
黄铜矿					▬		
磁黄铁矿					▬		
闪锌矿					▬		
白钨矿		▬					
方铅矿					▬		
辉钼矿					▬		
辉铋矿					▬		
褐铁矿							▬
钨华							▬

图 3-11 成矿阶段及矿物生成顺序图

第4章

花岗岩地球化学特征及成因

4.1 样品采集及测试方法

虎形山矿区在 ZK3304 钻孔 1110 m 和 1350 m 处采集花岗岩样品，共采集 9 件花岗岩样品，其中 8 件样品进行主微量元素分析，1 件样品挑选锆石。

LA-ICP-MS 锆石 U-Pb 定年测试在南京聚谱检测科技有限公司完成。193 nm ArF 准分子激光剥蚀系统由 Teledyne Cetac Technologies 制造，型号为 Analyte Excite。电感耦合等离子体质谱仪（ICP-MS）由安捷伦科技（Agilent Technologies）制造，型号为 Agilent 7700x。束斑直径为 35 μm，能量密度为 6.0 J/cm^2，频率为 8 Hz，共剥蚀 40 秒（Liu et al., 2010）。

锆石 Hf 同位素测试在南京聚谱检测科技有限公司完成。193nm ArF 准分子激光剥蚀系统型号为 Analyte Excite。多接收器—电感耦合等离子体质谱仪（MC-ICP-MS）型号为 Nu Plasma Ⅱ。束斑直径为 50 μm，能量密度为 6.0 J/cm^2，频率为 8 Hz，共剥蚀 40 s。测试过程中每隔 10 颗样品锆石，交替测试 3 颗标准锆石（包括 GJ-1、91500、Penglai），以检验锆石 Hf 同位素数据质量。

4.2 锆石 U-Pb 测年

隐伏花岗岩中的锆石颗粒大小为 80~120 μm，长径比为 2~6 μm。它们大多为自形，为长柱状棱柱状晶体，具有振荡环带，在代表性阴极发光（CL）图像中呈淡黄色的岩浆锆石[图 4-1(a)]。锆石 U-Pb 同位素数据见表 4-1。锆石具有较高的 $w(\text{Th})/w(\text{U})$，范围为 0.13～1.28，表明它们是岩浆成因(Hoskin and Schaltegger，2003)。对锆石中的 22 个测点进行分析，在误差范围内基本一致，得出加权平均 $w(^{206}\text{Pb})/w(^{238}\text{U})$ 年龄为 (137.8±0.5) Ma(MSWD=2.3)[图 4-1(b)]。该年龄被解释为与矿石有关的花岗岩的结晶年龄。

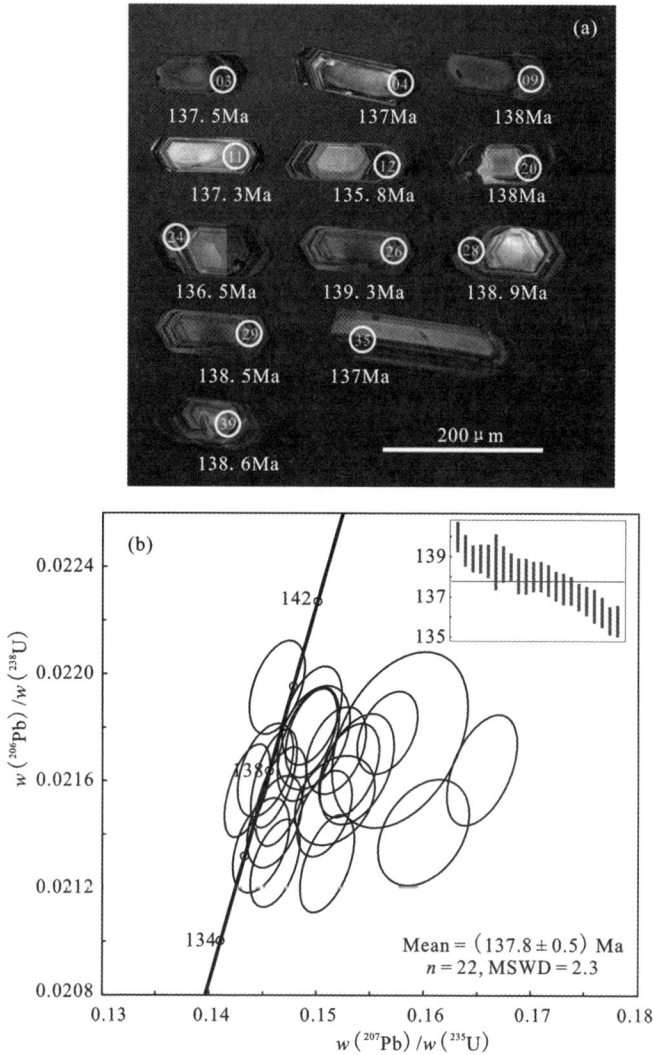

(a)锆石阴极发光图像；(b)U-Pb 年龄谐和图。

图 4-1　锆石阴极发光图像(a)和 U-Pb 年龄谐和图(b)

表 4-1 虎形山矿床花岗岩 LA-ICP-MS 锆石 U-Pb 数据

样品测试点	$w(\text{Th})/w(\text{U})$	比值						年龄/Ma			
		$w(^{207}\text{Pb})/w(^{206}\text{Pb})$	1σ	$w(^{207}\text{Pb})/w(^{235}\text{U})$	1σ	$w(^{206}\text{Pb})/w(^{238}\text{U})$	1σ	$w(^{207}\text{Pb})/w(^{235}\text{U})$	1σ	$w(^{206}\text{Pb})/w(^{238}\text{U})$	1σ
XG18-01	0.7	0.0497	0.0005	0.1462	0.0015	0.0213	0.0001	139	1	136	1
XG18-02	0.9	0.0495	0.0006	0.1523	0.0018	0.0223	0.0001	144	2	142	1
XG18-03	0.3	0.0481	0.0004	0.1435	0.0014	0.0216	0.0001	136	1	138	1
XG18-04	0.7	0.0508	0.0006	0.1508	0.0017	0.0215	0.0001	143	1	137	1
XG18-05	0.4	0.0509	0.0005	0.1479	0.0014	0.0210	0.0001	140	1	134	1
XG18-06	0.4	0.0485	0.0006	0.1452	0.0017	0.0216	0.0001	138	2	138	1
XG18-07	0.1	0.0525	0.0013	0.1578	0.0042	0.0218	0.0002	149	4	139	1
XG18-08	0.7	0.0663	0.0012	1.2257	0.0213	0.1339	0.0008	812	10	810	5
XG18-09	0.6	0.0511	0.0006	0.1530	0.0019	0.0216	0.0001	145	2	138	1
XG18-10	0.8	0.0493	0.0006	0.1461	0.0017	0.0214	0.0001	138	2	137	1
XG18-11	1.3	0.0510	0.0008	0.1517	0.0025	0.0215	0.0001	143	2	137	1
XG18-12	0.5	0.0514	0.0006	0.1510	0.0017	0.0213	0.0001	143	1	136	1
XG18-15	0.3	0.0513	0.0006	0.1569	0.0017	0.0221	0.0001	148	2	141	1
XG18-16	0.4	0.0482	0.0006	0.1463	0.0017	0.0220	0.0001	139	2	140	1
XG18-17	0.5	0.0491	0.0006	0.1448	0.0017	0.0214	0.0001	137	2	136	1
XG18-20	0.9	0.0514	0.0007	0.1538	0.0023	0.0216	0.0001	145	2	138	1

续表4-1

样品测试点	$w(\text{Th})/w(\text{U})$	比值						年龄/Ma			
		$w(^{207}\text{Pb})/w(^{206}\text{Pb})$	1σ	$w(^{207}\text{Pb})/w(^{235}\text{U})$	1σ	$w(^{206}\text{Pb})/w(^{238}\text{U})$	1σ	$w(^{207}\text{Pb})/w(^{235}\text{U})$	1σ	$w(^{206}\text{Pb})/w(^{238}\text{U})$	1σ
XG18-22	1.2	0.0509	0.0006	0.1476	0.0017	0.0210	0.0001	140	1	134	1
XG18-24	1.0	0.0541	0.0010	0.1600	0.0028	0.0214	0.0001	151	2	137	1
XG18-26	0.4	0.0496	0.0006	0.1496	0.0018	0.0218	0.0001	142	2	139	1
XG18-27	1.1	0.0543	0.0011	0.1564	0.0032	0.0208	0.0002	148	3	133	1
XG18-28	0.7	0.0521	0.0006	0.1566	0.0019	0.0218	0.0001	148	2	139	1
XG18-29	0.5	0.0506	0.0006	0.1518	0.0018	0.0217	0.0001	144	2	138	1
XG18-30	0.3	0.0497	0.0005	0.1495	0.0016	0.0218	0.0001	141	1	139	1
XG18-32	0.6	0.0499	0.0009	0.1412	0.0024	0.0205	0.0001	134	2	131	1
XG18-33	0.5	0.0495	0.0007	0.1525	0.0020	0.0223	0.0001	144	2	142	1
XG18-34	0.3	0.0493	0.0005	0.1467	0.0016	0.0215	0.0001	139	1	137	1
XG18-35	0.6	0.0554	0.0007	0.1654	0.0022	0.0216	0.0001	155	2	138	1
XG18-36	0.2	0.0490	0.0005	0.1460	0.0014	0.0216	0.0001	138	1	138	1
XG18-37	1.2	0.0500	0.0008	0.1497	0.0023	0.0218	0.0001	142	2	139	1
XG18-39	0.4	0.0497	0.0006	0.1492	0.0019	0.0217	0.0001	141	2	139	1
XG18-40	0.3	0.0680	0.0009	1.1640	0.0157	0.1238	0.0008	784	7	753	4

4.3 岩石地球化学分析

4.3.1 花岗岩主量元素特征

全岩主量元素数据见表 4-2 和图 4-2。虎形山花岗岩的成分主要为亚碱性，具有高钾钙碱性至钾玄质特征[图 4-2(a)和(b)]。其 SiO_2 质量分数为 71.86%~74.76%(平均 72.77%)，K_2O+Na_2O 质量分数为 7.05%~8.22%(平均 7.75%)，$w(K_2O)/w(Na_2O)$ 为 1.00~1.16(平均 1.07)。大多数花岗岩样品具有较低的 $w(K_2O+Na_2O)/w(CaO)$，样品投图落在正常花岗岩类型的区域中，两个样品落入变花岗岩系列中[图 4-2(c)]。此外，它们还表现出由弱到强的过铝质特征，高 A/CNK 比为 1.06~1.31[图 4-2(d)]。

从图 4-3 虎形山花岗岩和幕阜山多期次花岗岩哈克图解来看，图 4-3(a)~(e)显示一致性的线性变化关系，虎形山地区花岗岩 SiO_2 含量高于幕阜山花岗岩，而 MgO、TiO_2 等元素含量较低，反映出虎形山花岗岩具更高的演化程度。

4.3.2 花岗岩微量元素特征

微量元素数据分析见表 4-3。稀土元素(REE)含量相对较低，为 59.0~131 mg/g，其特征是中等富集的轻稀土元素 $w(La/Yb)_N$ 为 9.20~21.7。它们具有强烈的负 Eu 异常[图 4-4(a)]。虎形山花岗岩中 Rb、U 和 Pb 元素显著富集，但重稀土、Ti 和 P 元素强烈亏损[图 4-4(b)]。

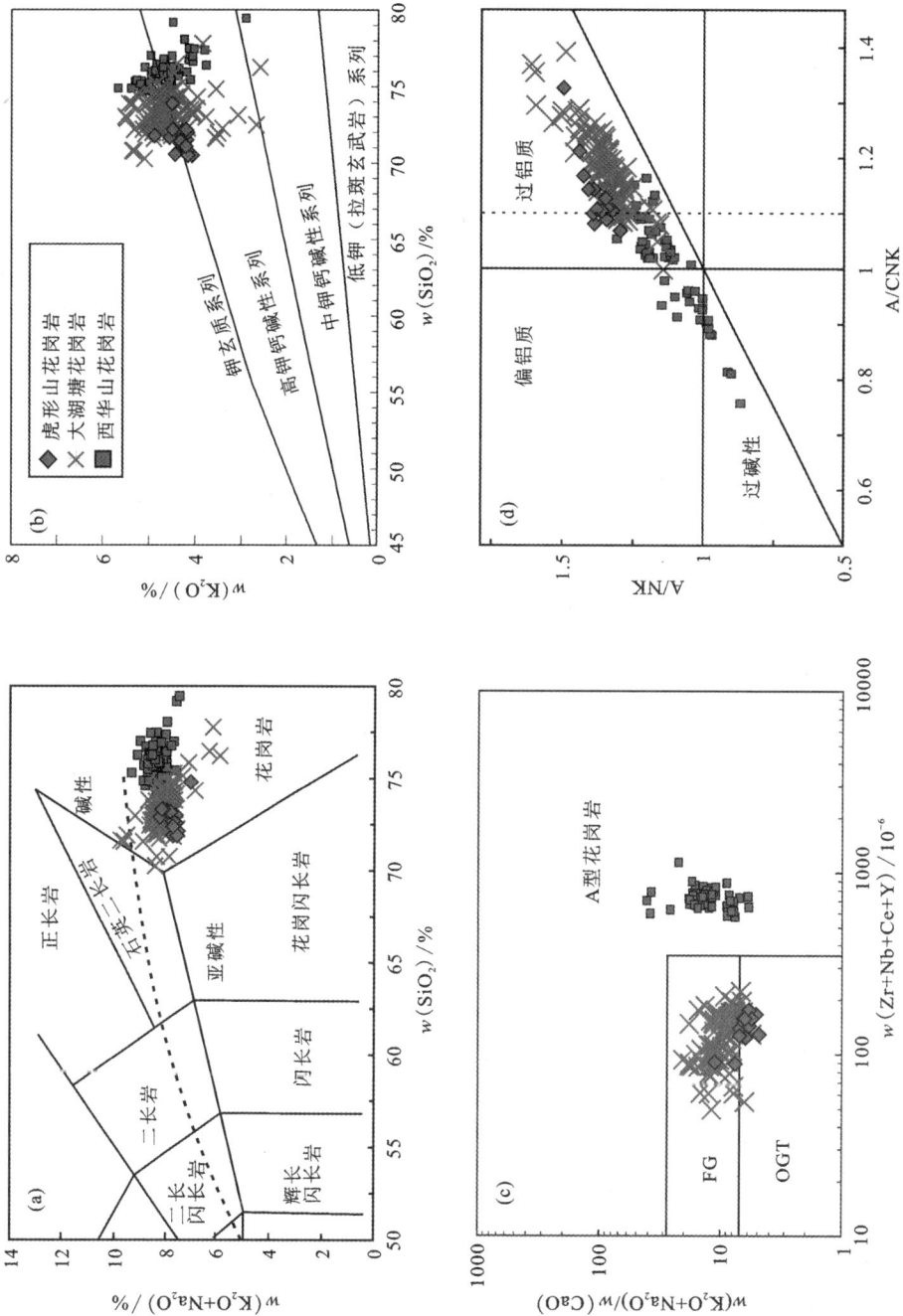

图4-2 虎形山矿区花岗岩样品岩石化学分类图

（大湖塘和西华山数据引自Huang and Jiang, 2014；Su and Jiang, 2017）

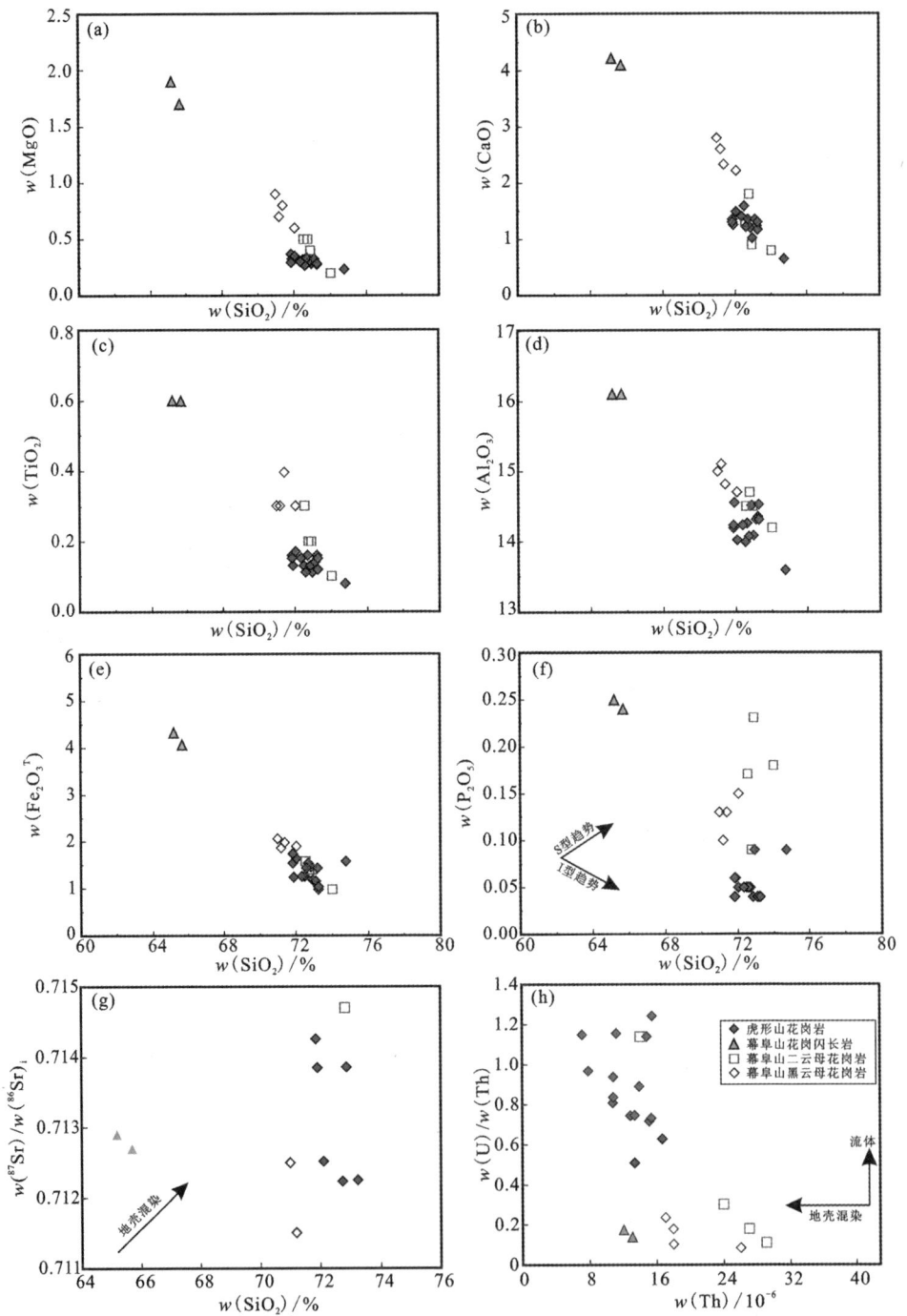

图 4-3 虎形山、幕阜山地区花岗岩样品哈克图解

表4-2 虎形山矿区花岗岩样品主量元素分析表质量分数　　　　　%

样品 岩石类型	ZK3304-														
	1	2	5	6	9	10	11	12	13	14	15	16	17	18	21
							二云母花岗斑岩								
SiO_2	74.76	72.54	73.13	73.29	71.86	72.36	73.28	72.96	71.91	72.53	71.86	72.86	72.72	72.1	73.22
TiO_2	0.08	0.11	0.14	0.12	0.15	0.15	0.15	0.11	0.13	0.13	0.16	0.13	0.16	0.17	0.16
Al_2O_3	13.59	14.26	14.31	14.53	14.24	14.24	14.31	14.09	14.55	13.99	14.19	14.52	14.08	14.02	14.36
Fe_2O_3	1.57	1.44	1.15	0.98	1.73	1.25	1.04	1.17	1.23	1.25	1.54	1.45	1.54	1.63	1.44
MnO	0.03	0.04	0.04	0.03	0.05	0.05	0.04	0.03	0.04	0.05	0.05	0.04	0.05	0.05	0.04
MgO	0.23	0.26	0.32	0.27	0.29	0.30	0.28	0.28	0.32	0.31	0.36	0.3	0.33	0.35	0.28
CaO	0.64	1.21	1.34	1.16	1.29	1.39	1.29	1.01	1.24	1.57	1.35	1.19	1.35	1.47	1.23
Na_2O	2.56	3.41	3.66	3.61	3.42	3.52	3.96	2.74	3.29	3.29	3.66	3.68	3.62	3.39	3.7
K_2O	4.49	4.30	4.15	4.47	4.14	4.19	4.18	4.87	4.42	4.31	4.05	4.54	4.17	4.15	4.26
P_2O_5	0.09	0.05	0.04	0.04	0.06	0.05	0.04	0.09	0.06	0.05	0.04	0.04	0.05	0.05	0.04
BaO	0.04	0.05	0.05	0.06	0.03	0.04	0.05	0.05	0.06	0.06	0.06	0.06	0.05	0.05	0.06
LOI	1.55	2.06	1.29	1.41	1.87	2.14	1.52	1.66	1.79	2.03	2.68	0.88	1.51	1.92	1.37
Total	99.63	99.33	99.62	99.97	99.13	99.68	100.14	99.07	99.06	99.59	100.02	99.63	99.65	99.37	100.18
A/CNK	1.31	1.13	1.09	1.11	1.13	1.10	1.06	1.20	1.15	1.07	1.09	1.09	1.08	1.09	1.10
A/NK	1.82	2.00	2.08	1.96	2.07	2.05	2.07	1.74	1.98	1.96	2.12	1.93	2.04	2.04	2.04
K_2O/Na_2O	1.75	1.26	1.13	1.24	1.21	1.19	1.06	1.78	1.34	1.31	1.11	1.23	1.15	1.22	1.15

注: $A/CNK=n(Al)/n(Ca+Na+K)$; $A/NK=n(Al)/n(Na+K)$; $Mg^\#=100\times n(Mg)/n(Mg+TFe^{2+})$; 据 Watson and Harrison(1983).

107

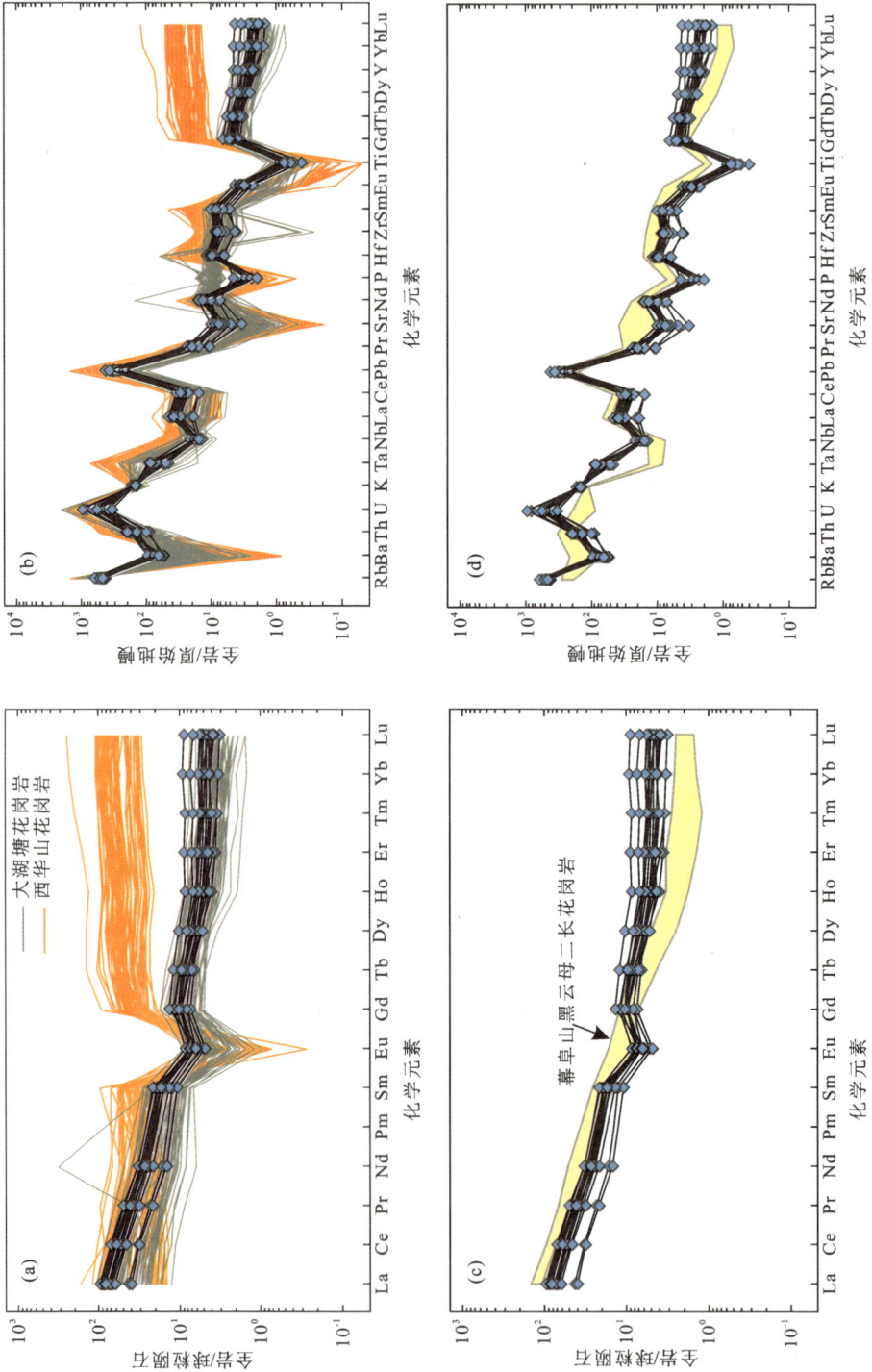

图4-4 虎形山矿床花岗岩微量元素蛛网图和稀土配分图

大湖塘和西华山数据引自Huang and Jiang, 2014; Su and Jiang, 2017; 球粒陨石标准化与原始地幔值引自Sun and Mcdonough (1989)。

表 4-3　虎形山矿区花岗岩样品微量元素分析表（mg/g）

ZK3304-

微量元素	1	2	5	6	9	10	11	12	13	14	15	16	17	18	21
Li	61.2	91.5	50.4	54.2	88.7	70.4	66.6	0.66	2.36	0.17	0.84	0.40	0.29	0.19	0.17
Be	5.80	13.2	8.76	9.14	9.43	8.56	7.74	41.8	7.07	17.0	8.36	6.56	6.53	5.20	7.19
V	10.9	14.0	11.8	11.14	12.4	13.0	10.8	13.0	12.0	11.0	13.0	13.0	14.0	15.0	14.0
Cr	1.95	3.26	3.92	3.81	2.20	4.36	4.39	20.0	20.0	20.0	20.0	10.0	30.0	20.0	30.0
Cu	69.2	12.9	6.88	10.5	29.7	31.5	1.50	343	1474	23.4	28.7	26.6	25.0	19.8	47.4
Zn	50.2	59.0	56.8	51.4	57.2	74.9	56.8	84.3	507	48.6	57.50	53.5	57.1	50.3	50.6
Ga	9.61	14.3	11.6	12.1	9.63	10.1	10.2	26.4	26.4	25.4	27.50	25.7	25.0	26.1	23.9
Rb	292	374	253	261	311	284	282	337	330	297	290	303	287	337	281
Sr	67.4	149	173	150	136	150	148	95.0	125	148	202	162	160	151	140
Y	11.4	13.7	10.3	9.88	19.0	13.5	16.3	10.5	8.60	9.20	13.0	9.30	11.8	11.8	11.5
Zr	44.2	77.1	79.0	70.5	87.9	85.2	82.0	42.0	63.0	70.0	92.0	78.0	88.0	91.0	87.0
Nb	9.64	14.1	10.9	9.36	11.6	10.6	10.3	10.6	10.6	10.6	11.8	10.5	9.90	10.4	9.60
Mo	0.54	1.90	0.21	3.03	1.00	0.45	0.37	202	62.7	3.81	2.52	3.57	1.38	4.43	41.7
Sn	8.19	10.5	6.48	7.18	10.1	8.71	3.14	11.2	17.4	5.12	12.3	11.2	6.95	4.49	4.49
Cs	15.9	22.3	11.8	12.7	17.9	17.5	15.1	17.8	19.4	23.0	12.9	15.3	17.0	19.0	16.3

续表4-3

微量元素	1	2	5	6	9	10	11	12	13	14	15	16	17	18	21
								ZK3304-							
Ba	360	622	492	504	363	404	427	391	572	539	570	566	448	432	490
La	12.3	23.6	23.1	19.5	30.0	26.2	25.4	13.4	21.9	20.8	29.0	21.9	26.4	28.4	27.3
Ce	25.8	46.2	43.6	37.4	57.8	49.0	49.7	26.2	42.2	39.5	55.7	42.0	49.7	53.5	50.4
Pr	2.64	4.83	4.65	3.90	6.09	5.12	5.08	2.85	4.50	4.17	5.86	4.43	5.09	5.39	5.20
Nd	8.84	16.8	15.28	12.8	19.7	17.0	16.3	9.90	15.5	14.5	19.9	14.9	17.4	18.3	17.0
Sm	2.10	3.69	3.10	2.68	4.13	3.36	3.38	2.44	3.29	3.04	4.09	3.14	3.35	3.61	3.54
Eu	0.35	0.54	0.49	0.46	0.44	0.47	0.46	0.38	0.53	0.56	0.64	0.57	0.52	0.53	0.54
Gd	1.90	3.00	2.49	2.12	3.53	2.71	2.73	2.14	2.61	2.46	3.10	2.50	2.60	2.60	2.55
Tb	0.31	0.47	0.38	0.34	0.57	0.43	0.46	0.34	0.35	0.37	0.48	0.35	0.42	0.44	0.40
Dy	1.92	2.54	1.90	1.71	3.31	2.33	2.62	1.99	1.72	1.99	2.58	1.88	2.17	2.21	2.14
Ho	0.35	0.43	0.33	0.31	0.63	0.43	0.49	0.37	0.29	0.35	0.45	0.34	0.43	0.44	0.41
Er	0.98	1.26	1.00	0.95	1.87	1.28	1.50	1.00	0.75	0.82	1.19	0.91	1.18	1.20	1.09
Tm	0.14	0.17	0.13	0.13	0.28	0.18	0.22	0.15	0.11	0.11	0.18	0.13	0.17	0.17	0.16
Yb	0.87	1.21	0.90	0.88	1.93	1.22	1.51	0.98	0.68	0.69	1.08	0.90	1.14	1.09	1.02
Lu	0.12	0.18	0.13	0.12	0.29	0.18	0.22	0.15	0.10	0.10	0.14	0.14	0.17	0.16	0.15

续表4-3

微量元素	ZK3304-														
	1	2	5	6	9	10	11	12	13	14	15	16	17	18	21
Hf	1.72	2.99	2.64	2.50	2.97	2.90	2.74	1.80	2.40	2.70	3.10	3.00	3.00	3.20	2.90
Ta	2.68	3.3?	2.71	2.60	2.70	3.12	3.21	2.10	1.90	2.10	2.00	1.70	1.90	2.10	1.90
W	159	297	186	327	83.3	333	322	39.0	5.00	6.00	8.00	2.00	4.00	5.00	6.00
Pb	46.9	61.?	50.2	50.2	41.3	44.9	54.7	32.3	37.4	39.3	35.5	32.9	41.1	40.3	34.0
Bi	0.96	0.39	0.15	0.11	0.43	0.32	0.17	1.93	10.4	1.77	1.50	0.90	0.52	7.74	0.98
Th	7.89	15.1	13.4	11.2	16.7	15.4	15.5	7.15	10.9	10.8	14.0	10.9	12.9	14.9	13.4
U	7.63	10.8	6.80	13.0	10.5	11.2	19.2	8.21	10.2	8.71	12.4	9.06	9.59	16.9	9.98
ΣREE	58.6	105	97.4	83.4	130	110	110	62.3	94.5	89.5	124	94.1	111	118	112
Th/U	1.03	1.40	1.97	0.87	1.59	1.37	0.81	0.87	1.07	1.24	1.13	1.20	1.35	0.88	1.34
La/Nb	1.27	1.67	2.12	2.09	2.60	2.46	2.47	1.26	2.07	1.96	2.46	2.09	2.67	2.73	2.84
U/Th	0.97	0.72	0.51	1.15	0.63	0.73	1.24	1.15	0.94	0.81	0.89	0.84	0.74	1.14	0.74
$\delta Eu = Eu/Eu^*$	0.54	0.49	0.54	0.59	0.36	0.48	0.46	0.51	0.55	0.63	0.55	0.62	0.54	0.53	0.55
$T_{Zr}/°C$	695	721	723	746	733	742	745	742	707	736	734	727	746	741	734

注: $\delta Eu = Eu/Eu^* = 2 Eu_N/(Sm_N \times Gd_N)$; $T_{Zr} = 12900/[2.95 + 0.85 M + \ln(496000/Zr_{melt})]$, $M = (Na + K + 2 Ca)/(Al \times Si)$, after Watson and Harrison (1983)。

4.4　同位素组成分析

4.4.1　锆石 Hf 同位素

锆石的原位 Hf 同位素分析列于表 4-4 中, 图 4-5 为锆石 Hf 同位素演化图。$\varepsilon_{Hf}(t)$ 值根据 U-Pb 年龄计算得出。对 50 粒样品 XG18 进行的 21 次分析得出 $w(^{176}Hf)/w(^{177}Hf)$ 为 0.282241 ~ 0.282889, 计算的 $\varepsilon_{Hf}(t)$ 为 -16.2 ~ 6.6。计算的 T_{DM2} 年龄范围为 0.74 ~ 2.18 Ga。

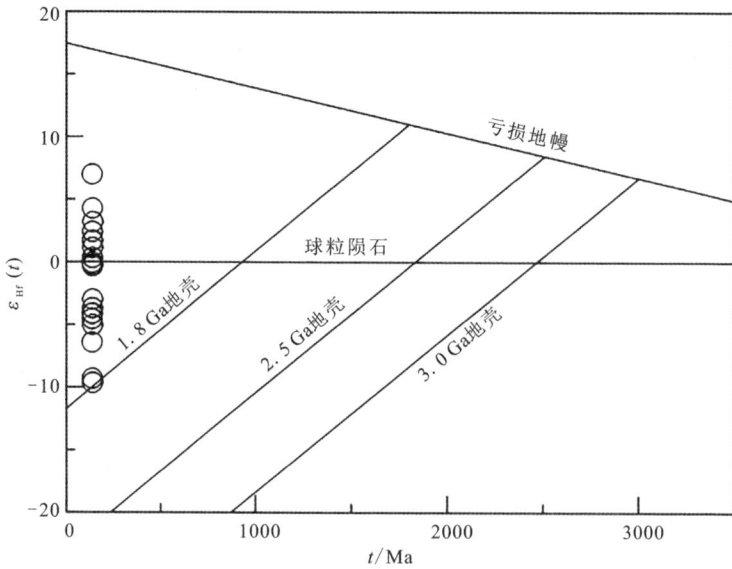

图 4-5　锆石 Hf 同位素演化图

表 4-4　虎形山矿床锆石 Hf 同位素数据

测点	$w(^{176}Yb)/$ $w(^{177}Hf)$	$w(^{176}Lu)/$ $w(^{177}Hf)$	$w(^{176}Hf)/$ $w(^{177}Hf)$	$\pm2\sigma$	年龄/Ma	$\varepsilon_{Hf}(t)$	σ	T_{DM1}/Ma	T_{DM2}/Ma	$f_{Lu/Hf}$
XG-01	0.021410	0.000733	0.282573	0.000018	142	-4.5	0.6	955	1447	-0.98
XG-02	0.021900	0.000794	0.282687	0.000016	138	-0.5	0.6	796	1191	-0.98
XG-03	0.031020	0.001070	0.282699	0.000021	138	-0.1	0.7	786	1167	-0.97
XG-04	0.024050	0.000822	0.282604	0.000015	137	-3.4	0.5	914	1378	-0.98
XG-05	0.033600	0.001164	0.282736	0.000020	136	1.2	0.7	734	1083	-0.96
XG-06	0.017620	0.000613	0.282561	0.000021	137	-4.9	0.7	968	1473	-0.98
XG-07	0.034780	0.001216	0.282811	0.000016	137	3.9	0.6	629	917	-0.96
XG-08	0.037780	0.001317	0.282889	0.000015	138	6.6	0.5	519	740	-0.96
XG-09	0.009460	0.000325	0.282507	0.000015	136	-6.8	0.5	1035	1591	-0.99
XG-10	0.023950	0.000873	0.282737	0.000017	140	1.3	0.6	727	1080	-0.97
XG-11	0.018950	0.000665	0.282573	0.000020	137	-4.5	0.7	953	1446	-0.98
XG-12	0.033780	0.001228	0.282779	0.000015	139	2.7	0.5	675	988	-0.96
XG-13	0.014180	0.000487	0.282545	0.000012	139	-5.5	0.4	986	1506	-0.99

续表4-4

测点	$w(^{176}\text{Yb})/w(^{177}\text{Hf})$	$w(^{176}\text{Lu})/w(^{177}\text{Hf})$	$w(^{176}\text{Hf})/w(^{177}\text{Hf})$	$\pm2\sigma$	年龄/Ma	$\varepsilon_{Hf}(t)$	σ	T_{DM1}/Ma	T_{DM2}/Ma	$f_{Lu/Hf}$
XG-14	0.018900	0.000644	0.282584	0.000014	138	-4.1	0.5	937	1421	-0.98
XG-15	0.023940	0.000900	0.282416	0.000013	139	-10.1	0.5	1179	1797	-0.97
XG-16	0.003579	0.000121	0.282424	0.000014	140	-9.7	0.5	1143	1773	-1.00
XG-17	0.023120	0.000836	0.282679	0.000014	131	-0.7	0.5	807	1209	-0.97
XG-18	0.031050	0.001131	0.282757	0.000014	137	2.0	0.5	704	1036	-0.97
XG-19	0.016380	0.000614	0.282241	0.000020	139	-16.2	0.7	1411	2180	-0.98
XG-20	0.025010	0.000869	0.282682	0.000014	140	-0.7	0.5	805	1204	-0.97
XG-21	0.028250	0.001003	0.282721	0.000014	139	0.7	0.5	753	1118	-0.97

注：$\varepsilon_{Hf}(M)$ 锆石 Hf 同位素对脉粒锁颚石的万分偏差值。$\varepsilon_{Hf}(t) = 10000 \times \{[(^{176}\text{Hf}/^{177}\text{Hf})_S - (^{176}\text{Lu}/^{177}\text{Hf})_S \times (e^{\lambda t} - 1)]/[(^{176}\text{Hf}/^{177}\text{Hf})_{CHUR,0} - (^{176}\text{Lu}/^{177}\text{Hf})_{CHUR,0} \times (e^{\lambda t} - 1)] - 1\}$；$T_{DM1} = 1/\lambda \times \ln\{1 + [((^{176}\text{Hf}/^{177}\text{Hf})_{S,t} - (^{176}\text{Hf}/^{177}\text{Hf})_{DM,t}]/[((^{176}\text{Lu}/^{177}\text{Hf})_c - (^{176}\text{Lu}/^{177}\text{Hf})_{DM,t}]\}$；$T_{DM2} = 1/\lambda \times \ln\{1 + [(^{176}\text{Hf}/^{177}\text{Hf})_S - (^{176}\text{Lu}/^{177}\text{Hf})_S \times (e^{\lambda t} - 1)] - (^{176}\text{Hf}/^{177}\text{Hf})_{DM}\} + t$；$(^{176}\text{Hf}/^{177}\text{Hf})_S$ and $(^{176}\text{Lu}/^{177}\text{Hf})_S$ are the measured values of the samples；$(^{176}\text{Hf}/^{177}\text{Hf})_{CHUR,0} = 0.282772$，$(^{176}\text{Lu}/^{177}\text{Hf})_{CHUR} = 0.0332$，$(^{176}\text{Hf}/^{177}\text{Hf})_{DM} = 0.28325$，$(^{176}\text{Lu}/^{177}\text{Hf})_{DM} = 0.0384$ (Rubatto and Gebauer, 2000; Wu et al., 2007)；$\lambda = 1.867 \times 10^{-11}$/a；$(^{176}\text{Lu}/^{177}\text{Hf})_c = 0.015$ (Griffin et al., 2000)；t = crystallization time of zircon。

4.4.2　Sr-Nd 同位素特征

虎形山花岗岩 7 个样品的 Sr-Nd 同位素分析数据见表 4-5。计算的初始 $w(^{87}Sr)/w(^{86}Sr)$ 显示在 $0.7122 \sim 0.7143$ 的可变范围，而其 $\varepsilon_{Nd}(t)$ 成分显示为 $-8.6 \sim -7.7$ 的窄范围(图 4-6)，计算的 TDM2 值为 $1.56 \sim 1.63$ Ga。

表 4-5　虎形山矿床花岗岩 Sr-Nd 同位素组成

sample	ZK3304-12	ZK3304-13	ZK3304-15	ZK3304-16	ZK3304-17	ZK3304-18	ZK3304-21
rock type				Granite			
$w(Rb)/$ $(mg \cdot g^{-1})$		374	253	261	311	284	282
$w(Sr)/$ $(mg \cdot g^{-1})$		149	173	150	136	150	148
$w(^{87}Rb)/$ $w(^{86}Sr)$		7.277	4.232	5.044	6.635	5.491	5.514
$w(^{87}Sr)/$ $w(^{86}Sr)$		0.728120	0.722555	0.723750	0.725251	0.723290	0.723072
2σ		0.000005	0.000004	0.000006	0.000005	0.000005	0.000004
$[w(^{87}Sr)/$ $w(^{86}Sr)]_i$		0.713847	0.714254	0.713855	0.712235	0.712519	0.712255
$w(Sm)/$ $(mg \cdot g^{-1})$	2.10	3.69	3.10	2.68	4.13	3.36	3.38
$w(Nd)/$ $(mg \cdot g^{-1})$	8.84	16.8	15.3	12.8	19.7	17.0	16.3
$w(^{147}Sm)/$ $w(^{144}Nd)$	0.144	0.133	0.123	0.127	0.127	0.119	0.125
$w(^{143}Nd)/$ $w(^{144}Nd)$	0.512148	0.512138	0.512159	0.512153	0.512173	0.512175	0.512165
2σ	0.000004	0.000005	0.000005	0.000005	0.000004	0.000004	0.000004
$\varepsilon_{Nd}(t)$	-8.6	-8.6	-8.0	-8.2	-7.8	-7.7	-8.0
T_{2DM}/Ga	1.63	1.63	1.58	1.60	1.57	1.56	1.58

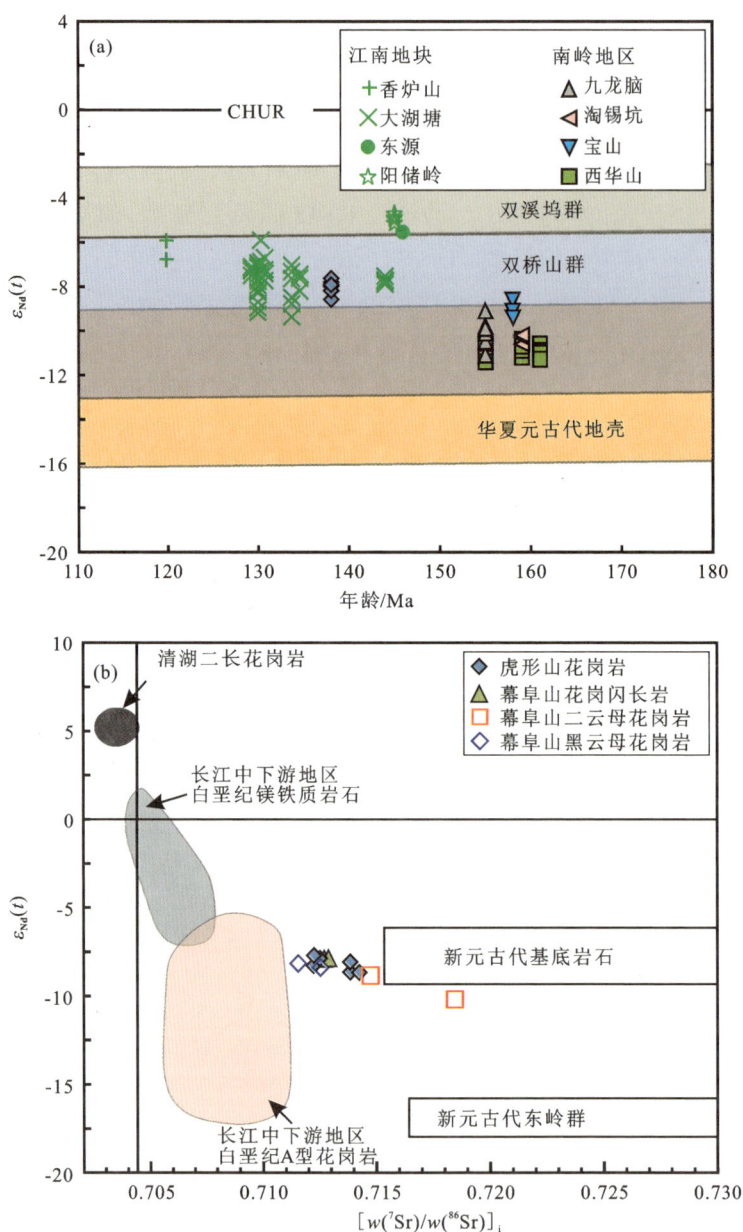

图 4-6 虎形山矿床 $\varepsilon_{Nd}(t)$ vs. $({}^{87}Sr/{}^{86}Sr)_i$ 图解

大湖塘数据引自 Huang and Jiang, 2014；Mao et al., 2015；Peng, 2015；香炉山数据引自 Li et al., 2016a, b；东源数据引自 Zhang et al., 2015；阳储岭数据引自 Mao et al., 2017；西华山数据引自 Shen et al., 1994；九龙垴和淘锡坑数据引自 Guo et al., 2011；宝山数据引自 Guo et al., 2011。

4.5　花岗岩成因

虎形山花岗岩缺乏典型 I 型花岗岩的特征矿物—角闪岩，且表现出过铝质、碱性和 Zr、Th、Y、HREE 亏损，比较符合 S 型花岗岩的特征(Chappell et al，2012；Chappell and White，1974)。花岗质岩浆的矿物和化学成分在经历了高度的分离结晶作用之后，可能在接近花岗岩体系最低共结点的区域形成富硅花岗岩，因此很难区分其确切的成因类型(Wu et al，2007)。然而，由于虎形山花岗岩的 $w(K_2O+Na_2O)/w(CaO)$ 较低，因此无法确定其是否属于分异的花岗岩[图 4-2(c)]。此外，ASI 指数[$A/CNK=n(Al_2O_3)/n(CaO+Na_2O+K_2O)$，物质的量比=1.1]作为 I 型和 S 型花岗岩之间的边界对低分异程度的花岗岩有效(Chappell et al.，2012；Wu et al，2007)。因此，大部分虎形山花岗岩的 A/CNK 比值高于 1.1[图 4-2(d)]，表明它们属于 S 型花岗岩。此外，P_2O_5、Th、Y、Rb 和其他元素的浓度对于确定它们的亲和力可能是敏感和可靠的(Chappell et al.，2007)。虎形山花岗岩含有浓度非常低的 P_2O_5(<0.1%)，P_2O_5 随 SiO_2 的增加而增加[图 4-3(f)]，表明岩浆演化过程中磷灰石分馏；这些特征与 S 型花岗岩显著一致。

虎形山花岗岩具有相对较低的初始 $w(^{87}Sr)/w(^{86}Sr)$ 比值(0.7122~0.7143)和负 $\varepsilon_{Nd}(t)$ 值(-8.6~-7.7)，与江南成矿带中钨相关花岗岩的 Nd 同位素组成相似，但与南岭地区内与钨矿化有关的花岗岩有显著差异(图 4-6)。以位于江南造山带中段的大湖塘含钨高分异 S 型花岗岩为例(Huang and Jiang，2014)，其具有与新元古代双桥山群相似的 Nd-Hf 同位素组成，其来源主要为富钨的变质泥质岩经部分熔融作用而形成(Huang and Jiang，2014；Wang et al.，2013)。新元古代双桥山群主要分布在江西省，而在整个江南造山带内与双桥山群同层位的变质沉积岩地层还包括双溪坞群(浙江)和冷家溪群(湖南)，这两套地层同样含有很高的 W 浓度(Wang et al.，2017)。虎形山钨矿床围岩主要由新元古代长城系板溪群和冷家溪群组成(图 2-1)，这些都表明虎形山花岗岩是新元古代变质沉积岩部分熔融的产物。

值得注意的是，阳储岭和东源钨矿床也位于江南造山带，但其含矿花岗岩的 Nd 同位素组成相对亏损，表明有明显地幔源区物质的加入[图 4-6(a)]

(Mao et al.，2017)。由于华夏地块新元古代地层成分复杂，其 Nd 同位素组成与白垩纪花岗岩的 Nd 同位素组成范围很广[图 4-6(b)]，这可能导致使用 Sr-Nd 同位素进行源区识别失败。我们注意到，幕阜山杂岩和虎形山花岗岩同时侵位，空间关系密切，Sr-Nd 同位素组成相似[图 4-6(b)]（Wang et al.，2013），表明它们可能具有相同的岩浆起源，属于相同的演化序列。幕阜山花岗闪长岩可能代表原始岩浆成分，因为它没有受到分离结晶的影响（Wang et al.，2013）。幕阜山花岗闪长岩的 Nd 同位素特征与新元古代基底岩石的 Nd 同位素特征相似[图 4-6(b)]，排除了地幔源物质的添加。花岗岩系统中的实验已经证明，花岗岩熔体中 Sr 同位素组成的变化可能来自单一来源的渐进式熔融（Knesel and Davidson，2003）。

由于锆石的高 Hf 浓度和低 $w(^{176}Lu)/w(^{177}Hf)$ 比值，锆石 Hf 同位素值可代表岩浆系统的主要 Hf 同位素组成（Wu et al.，2007）。锆石的 Hf 同位素组成可追踪岩浆演化，并可作为同化、岩浆混合或混合的有效工具。由于 ^{176}Lu 和 ^{176}Yb 与放射成因 ^{176}Hf 存在等压干扰（Chu et al.，2002），因此对低于 0.002 的 $w(^{176}Lu)/w(^{177}Hf)$ 比率的分析是可信的（Kinny，2003）。在本研究中，所有分析锆石的 $w(^{176}Yb)/w(^{177}Hf)$ 和 $w(^{176}Lu)/w(^{177}Hf)$ 分别为 0.0036~0.0378 和 0.0001~0.0013。$w(^{176}Hf)/w(^{177}Hf)$ 和 $w(^{176}Yb)/w(^{177}Hf)$ 之间存在类似的正相关关系，表明 $w(^{176}Yb)/w(^{177}Hf)$ 与计算的 $w(^{176}Hf)/w(^{177}Hf)$ 之间存在干扰。然而，所有分析的锆石具有较低的 $w(^{176}Yb)/w(^{177}Hf)$（<0.1），几乎排除了 ^{176}Yb 对 Hf 同位素组成的等压干扰的可能性。因此，测得的 $w(^{176}Hf)/w(^{177}Hf)$ 是可靠的，计算得到的 $\varepsilon_{Hf}(t)$ 值很可能代表岩浆形成过程中锆石的原生 Hf 同位素组成。

计算的虎形山花岗岩锆石 $\varepsilon_{Hf}(t)$ 值显示在-16.2 和 6.6 之间，范围很广（图 4-7）。这表明岩浆来源非常复杂。在 $\varepsilon_{Hf}(t)$ 与年龄关系图上，虎形山花岗岩锆石样品的 $\varepsilon_{Hf}(t)$ 值主要分布在跨越 CHUR(球粒陨石均匀储层)基准线的区域，在 CHUR 和 DM(亏损地幔)线之间的区域有 7 个颗粒(图 4-7)。此外，它们的两阶段 Hf 模型年龄(TDM2, 0.52~2.18 Ga)比华夏地块的地壳衍生岩石年轻得多(Xu et al.，2017)。重要的是，锆石的各种 $\varepsilon_{Hf}(t)$ 值与相邻的新元古代冷家溪群和板溪群的 $\varepsilon_{Hf}(t)$ 值相似，它们代表了古地壳来源，表明地幔成分的加入是十分有限的。

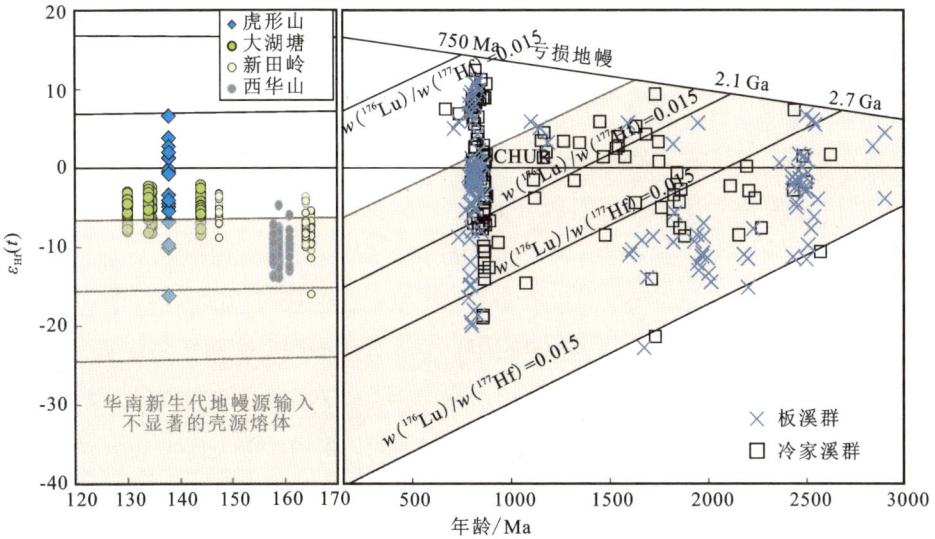

图 4-7　华南地区主要钨矿床 Hf 同位素图

（Wang et al., 2017；Huang and Jiang, 2014；Guo et al., 2012）

4.6　成岩、成矿时空关系

湘东北地区位于扬子地块南缘江南造山带中段，该地区的花岗质岩浆活动具有多期次的特征，其中燕山期最为强烈，如金井花岗岩（133～166 Ma，李鹏春等，2005；许德如等，2006）、望湘复式花岗岩体（165～257 Ma、144～151 Ma 和 128～135 Ma，贾大成等，2003）、桃花山—小墨山花岗岩体（129 Ma 和 117 Ma，王连训等，2008）、幕阜山复式岩体（170 Ma、139 Ma 和 110～117 Ma，束正祥等，2015）等众多岩体。虎形山矿床隐伏花岗岩锆石 U-Pb 年龄为（137.8±0.5）Ma，与钨矿石石英颗粒中流体包裹体 Rb-Sr 等时线年龄（134±2）Ma 基本一致（图 4-1 和图 4-2）。这两个年龄的一致性有力地表明，虎形山钨矿化与深部花岗岩的侵位有密切的成因联系。

近年来，在中国南方划分出两个重要的钨成矿带，即南岭成矿带和江南成矿带（图 1-1；Su and Jiang, 2017；Mao et al., 2017）。南岭成矿带拥有大量与花岗岩岩浆作用有关的钨多金属矿床(Zhang et al.，2015)。这些矿床包括许多大型钨矿床,如西华山(Li et al.，2018)、漂塘(Zhang et al.，2017)和新田岭矿床,这些矿床通常与受持续分离结晶作用控制的高分异花岗岩侵入体有关(Hu and Zhou，2012；Mao et al.，2013a)。这些含矿岩体均属于高分异的 S 型花岗岩(或为 I-S 过渡型),表现出还原花岗岩的特点。南岭地区岩浆活动与钨成矿的高度相关性主要表现在它们通常同时发生,或钨沉淀略晚于相应的岩浆作用。钨相关花岗岩的侵位时间为 150~165 Ma[图 4-8(a)；Su and Jiang，2017；Guo et al.，2012],与南岭地区 150~160 Ma 的钨成矿高峰期一致[图 4-8(c)]。不同于南岭地区,系统准确的年代学研究表明,江南钨多金属成矿带中的钨矿床集中分布于 135~155 Ma[图 4-8(d)],对应于矿石相关花岗岩的年龄谱集中在 130~150 Ma[图 4-8(b)；Mao et al.，2015；Mao et al.，2017]。这表明江南造山带内钨矿床的成矿年龄与长江中下游铜多金属成矿带内的铜多金属矿床的成矿时代相似(Mao et al.，2017),但与南岭钨锡矿化年龄明显不同(图 4-8)。由此推测,江南造山带内的钨多金属成矿作用与长江中下游斑岩型铜—金—钼—铁矿床有成因联系。这两条成矿带在时空分布上的耦合关系表明,它们受控于相同的构造体制(Mao et al.，2017)。

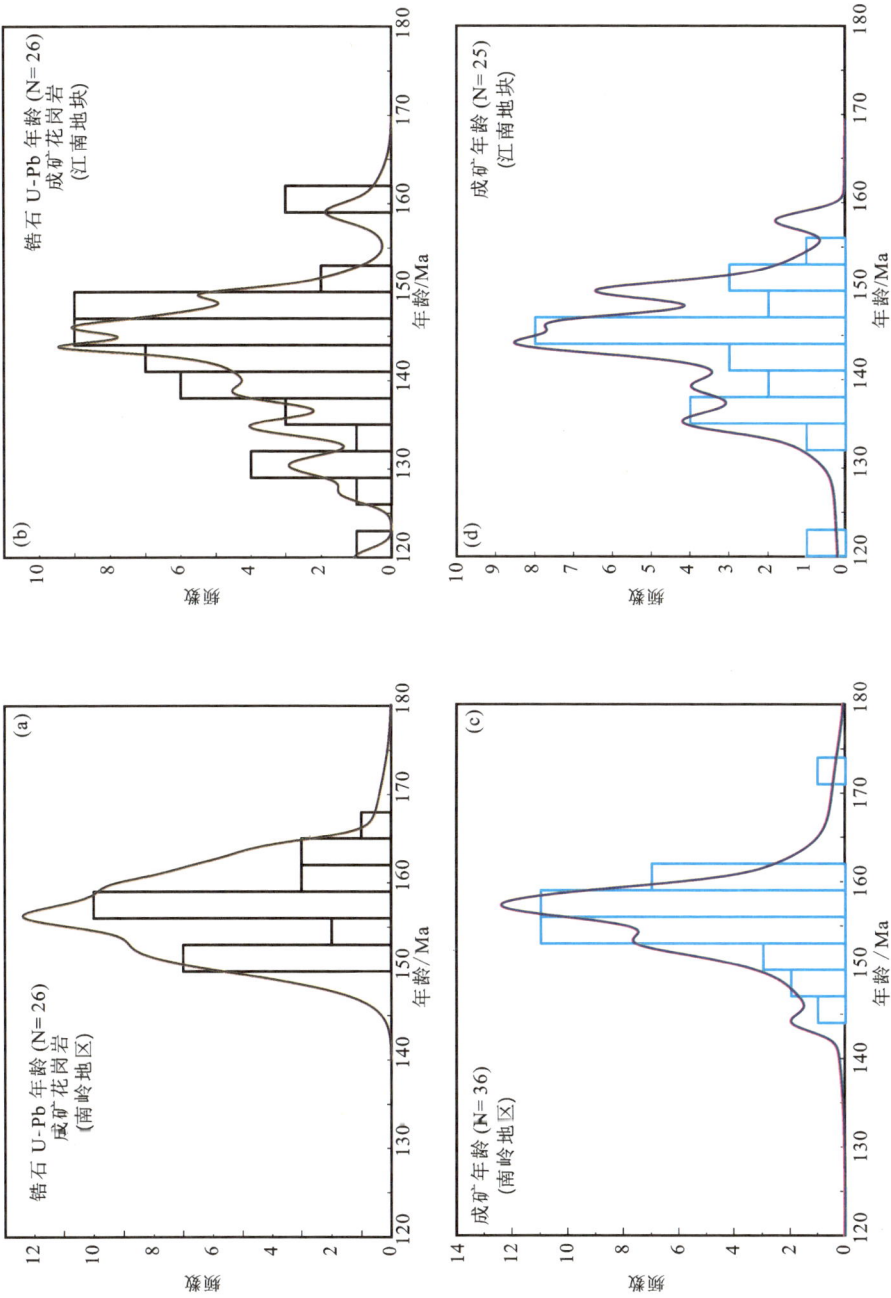

图 4-8　南岭地区、江南地块钨锡矿成矿年龄直方图

（Su and Jiang, 2017；Huang and Jiang, 2014；Zhang, 2014；Chen et al., 2013；Zhang et al., 2015；Guo et al., 2012）

第 5 章

矿床地球化学与流体包裹体特征

5.1 样品采集及测试方法

5.1.1 样品采集

本次测试采集的样品均来自钻孔中新鲜岩石标本,针对成矿阶段的 Ⅱ、Ⅲ、Ⅳ 3 个阶段采取样品制成流体包裹体片,用于包裹体测温片的主矿物为石英。实验之前先将样品磨制成包裹体片,薄片的厚度为 0.06~0.08 mm;之后结合野外记录与镜下矿相、岩相及包裹体特征划分成矿阶段,通过显微冷热台对所选对象进行测试操作。

成矿年代学样品及岩石地球化学样品在 ZK702 和 ZK1701 钻孔含钨石英脉中采集 19 个石英样品,将样品粉碎成小样品(直径 0.2~0.5 mm),然后在双目显微镜下手工挑选纯度高于 99% 的纯石英颗粒。最终用于石英中流体包裹体 Rb-Sr 同位素测年,这些样品实验结果代表矿区钨成矿年龄。

电子探针实验采用的标本共 4 块,分别为石英—碳酸盐阶段 D 的 H-08、H-09 样品;石英—白钨矿—硫化物阶段的 H-21、H-23 样品。

5.1.2 样品测试方法

电子探针 X 射线显微分析(EPMA)在中南大学电子探针实验室完成,仪器为岛津 EPMA-1720H 型。电子探针测试参数条件为加速电压 15 kV,探针电流 10 nA,束斑 1 μm,计数时间(峰位)10 s。

石英中流体包裹体 Rb-Sr 同位素分析在武汉地质调查中心中南矿产资源监督检测中心完成，测试主要有以下几个步骤，首先对样品进行处理，将样品磨至 74 μm 以上，然后采用高压密闭熔样方法熔样，再加入稀释剂，最后将 Rb、Sr 分离供质谱测试。样品测试仪器为英国制造的 VG354 多接收质谱计。实验测定的美国 NBS9[87]Sr 同位素标准为：$w(^{87}Sr)/w(^{86}Sr) = 0.710236 ± 0.000007$，标准化值采用 $w(^{86}Sr)/w(^{88}Sr) = 0.1194$。

流体包裹体显微测温实验测试在中南大学有色金属成矿预测与地质环境监测教育部重点实验室完成。测试所用的仪器为英国 Linkam THMS-600 型冷热台。仪器测试温度范围 -196~600℃，≤30℃时测试精度为 ±0.1℃，>30℃时测试精度为 ±1℃；水溶液包裹体在其冰点和均一温度附近的升温速率为 0.2~0.5℃/min。对于 L-V 型包裹体，均一温度 <600℃ 采用 $NaCl-H_2O$ 体系，包裹体盐度、密度估算均由 FLINCOR 软件计算得到。

5.2　石英 Rb-Sr 等时线测年

脉石英中流体包裹体的 Rb-Sr 同位素数据见表 5-1，分析了 ZK702 钻孔 9 个云英岩样品的同位素数据。它们的 Rb(0.74~11.0 mg/g) 和 Sr(0.18~1.50 mg/g) 含量范围很大，$w(^{87}Rb)/w(^{86}Sr)$ 比值为 0.718~0.763。两个样品（HXS01-2 和 HXS01-5）因偏离回归趋势而被排除在等时线年龄计算之外。其余 7 个样品具有相同的初始同位素组成，并产生 (134±2)Ma 的等时线年龄（图 5-1），初始 $w(^{87}Sr)/w(^{86}Sr)$ 比值为 0.7112 ± 0.0004。此外，钻孔岩芯 ZK1701 的 10 个石英样品的同位素数据具有较大的 Rb(0.19~1.60 mg/g) 和 Sr(0.10~0.50 mg/g) 含量范围，$w(^{87}Rb)/w(^{86}Sr)$ 比值为 0.720~0.764。HXS02 样品 7 次分析的最佳拟合具有更精确的等时线年龄 (134±5)Ma，初始 $w(^{87}Sr)/w(^{86}Sr)$ 比值为 0.7177±0.0011。

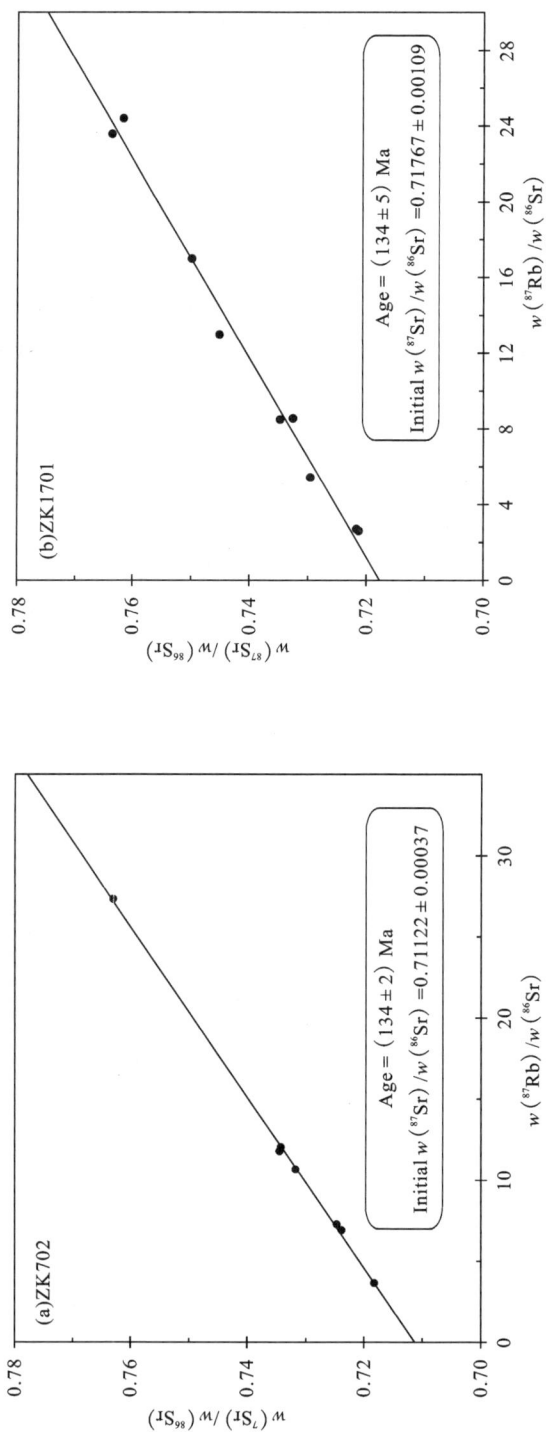

图5-1 虎形山矿床石英中 **Rb-Sr** 等时线年龄

表 5-1　虎形山矿床石英中 **Rb-Sr** 同位素分析结果

样品	$w(\text{Rb})/$ $(\text{mg} \cdot \text{g}^{-1})$	$w(\text{Sr})/$ $(\text{mg} \cdot \text{g}^{-1})$	$w(^{87}\text{Rb})/w(^{86}\text{Sr})$	$w(^{87}\text{Sr})/w(^{86}\text{Sr})$	$\pm 1s$
ZK702					
ZK702-1	1.669	0.343	14.060	0.73904	0.00005
ZK702-2	1.516	0.325	13.500	0.73828	0.00006
ZK702-3	1.222	0.293	12.050	0.73431	0.00004
ZK702-5	0.740	0.181	11.800	0.73453	0.00005
ZK702-6	1.043	0.283	10.67	0.73179	0.00007
ZK702-7	1.904	1.497	3.672	0.71823	0.00007
ZK702-8	10.950	1.161	27.330	0.76301	0.00006
ZK702-9	2.559	1.014	7.286	0.72470	0.00003
ZK702-10	2.455	1.025	6.918	0.72385	0.00008
ZK1701					
ZK1701-1	0.419	0.447	2.710	0.72169	0.00008
ZK1701-2	1.312	0.156	24.400	0.76168	0.00006
ZK1701-3	0.677	0.230	8.492	0.73473	0.00001
ZK1701-4	0.630	0.140	12.980	0.74514	0.00004
ZK1701-5	0.746	0.252	8.555	0.73254	0.00007
ZK1701-6	1.598	0.272	16.990	0.74984	0.00006
ZK1701-7	1.570	0.196	23.580	0.76365	0.00010
ZK1701-8	0.769	0.496	4.482	0.72036	0.00003
ZK1701-9	0.190	0.098	5.438	0.72959	0.00020
ZK1701-10	0.417	0.461	2.613	0.72129	0.00006

5.3　成矿元素地球化学特征

　　区内岩矿石的主要成矿元素含量见表 5-2，对比上地壳各元素含量平均值，本区主要成矿元素具有以下几点地球化学特征。

（1）与上地壳金属元素丰度值相比，大理岩中 Zn、Au、Ag、As、Sb、Bi 和 Hg 等元素含量较高，但一般只高几倍，因此，大理岩不能为本区成矿提供成矿物质。F1 韧性变形中，GZY-1、GZY-2、GZY-3 和 GZY-4 分别取自同一钻孔 269 m、325 m、331 m 和 345 m 处，由表 5-2 可以看出，325 m 处 Pb、Zn、Au、As、Mo、Li、Be、W 和 Zn 等元素含量值达到最高值，特别是 W 元素，比其上下两侧含量高约 100 倍。

（2）区内寒武系地层中各元素含量都很低；震旦系除硅质岩中含有相对较高的 Zn、As 和 Sb 之外，其他各元素含量也很低；中元古代长城系冷家溪群易家桥组板岩中 W、Be、As、Sb、Sn、Bi、Pb、Ag、Au 等成矿元素明显高于上地壳平均值，特别是 W、Be、Pb、As、Sb 高出 8~25 倍，且高于区域同时代同层位岩石，可能为矿区主要成矿物质来源（解文敏和陈云华，2015）。

（3）虎形山煌斑岩脉中 Cu、Pb、Zn、W 和 Sn 的含量较高，在钻孔揭穿的石英脉中，样品 FXS-22-3 取自钻孔 605 m 处，该样品成矿元素的含量值最高，即在 605 m 一定深度范围是成矿的有利深度之一。

（4）对比虎形山所有类型岩石样品，云英岩化石英脉样品的主成矿元素含量最高，特别是 FXS-7-11，多种主成矿元素含量均为最高值，这表明高温的云英岩化是重要的成矿蚀变，花岗岩可能为其成矿母岩（张强录等，2017），同时也表明 649.8 m 深度一定范围内为成矿的一个主要成矿深度；FXS-7-7 为 F1 韧性剪切带内的一样品，其成矿元素含量也较高，多是上地壳平均含量的几十倍，这说明 F1 韧性剪切带为成矿的重要导矿构造。

为了进一步研究区内主要成矿元素的相关性，对其进行 R 型聚类分析，由图 5-2 可知，在 $R<10$ 相似水平内，成矿元素明显分为 3 组，分别为 Cu、Zn、Pb、Ag、Sn 元素组合，Au、As 元素组合，Hg、Bi 元素组合，而该地区的主成矿元素 W 仅与 Be 有一定的关系，相关系数 $R=17$。

表 5-2　虎形山矿床成矿元素含量表（mg/g，Au：ng/g）

样号	矿石类型	Cu	Pb	Zn	Au	Ag	As	Sb	Bi	Hg	Mo	Li$_2$O	BeO	WO$_3$	Sn
DAY-1	大理岩	3.86	19.6	93.2	3.78	0.11	29.2	15.4	0.74	6.85	0.34	33.5	34.7	12.4	4.82
GZY-1	F1 韧性变形	38.4	19.8	125	2.67	0.28	14.6	5.86	0.53	15.3	0.88	232	18.8	19.3	4.38
GZY-2	F1 韧性变形	18.4	185	156	7.51	0.28	107	7.95	0.46	7.47	6.8	1400	437	1850	9.14
GZY-3	F1 韧性变形	54.2	38.8	50.2	1.58	0.28	23.3	5.85	0.57	14.6	0.24	58.4	4.34	17.4	1.54
GZY-4	F1 脆性变形	9.01	58.8	49.1	1.99	0.92	13.8	12	1.14	18.2	2.28	400	14.9	12.1	2.48
EI-1	牛蹄塘炭质板岩	9.98	9.1	50.1	0.84	0.19	13.8	1.2	0.72	4.42	0.75	68.8	2.61	1.24	3
EI-2	震旦系硅质岩	9.49	8.88	14	1.28	1.89	10.7	9.5	0.036	0.14	1.32	10.8	0.58	1.36	1.16
EI-3	石牌组砂页板岩	9.81	5.76	45.3	0.67	0.2	6.01	0.33	0.2	0.086	0.2	145	3.71	2.46	1.01
EI-4	清虚洞组灰岩	13.3	11.1	45.3	0.73	0.07	22.6	1.06	0.2	0.064	5.63	58.5	4.09	3.33	2.44
EI-5	震旦系硅质岩	8.74	8.81	29.4	0.94	0.11	10.7	0.39	0.12	0.16	0.38	178	2.89	1.69	2.42
EI-5	牛蹄塘炭质灰岩	12.3	10.4	32.7	1.02	0.083	6.51	0.31	0.28	0.16	1.72	170	3.99	1.47	2.7
EII-1	牛蹄塘炭质板岩	5.33	13.1	35.4	1	0.02	6.67	3.46	0.12	6.14	0.61	10	7.11	3.91	2.96
EII-2	震旦系硅质岩	19.1	19.1	102	1.94	0.066	138	17.5	0.58	5.08	1.5	52.7	7.62	7.74	3.61
FXS-21-1	煌斑岩脉	654	50	72.8	1.78	1.33	7.76	2.32	4.06	6.12	2.82	515	42.4	21.8	7.54
FXS-21-2	石英脉	13.5	30.7	41.8	1.68	1.88	6.34	1.73	29.5	7.45	20.5	25.3	37.1	1.65	12.2
FXS-22-2	石英脉	21	37.8	51.8	2.36	1.2	13	1.33	0.076	6.84	3.67	23.7	5.51	2.08	18.4
FXS-22-3	石英脉	438	799	728	9.54	44.4	24.3	17.6	2960	404	6.01	20	18.7	20.4	21.7
FXS-22-4	石英脉	348	98.1	97.4	1.45	5.9	12	7.34	181	442	199	35.6	17.7	99.2	5.88

续表5-2

样号	矿石类型	Cu	Pb	Zn	Au	Ag	As	Sb	Bi	Hg	Mo	Li$_2$O	BeO	WO$_3$	Sn
FXS-22-5	石英脉	338	46.7	55.3	1.31	0.88	9.08	1.34	88.1	9.76	154	26.6	31.4	16.4	8.04
FXS-7-1	CuPbZn 石英脉	36.6	15.9	119	31	0.085	107	5.91	1.02	12.7	1.17	247	21.6	45.7	5.18
FXS-7-5	CuPbZn 石英脉	126	27.8	148	3.46	0.71	116	4.78	0.94	7.22	0.74	496	59.2	196	10.8
FXS-7-7	CuPbZn 石英脉破碎 (F1)	88.6	73	90.3	6.25	0.73	591	8.67	1.34	8.57	0.76	636	162	83.9	12.6
FXS-7-2	石英脉破碎带	23.4	23.5	104	7.8	0.2	138	3.29	0.57	10.9	3	175	22.2	48	3.08
FXS-7-6	石英脉破碎带	29.1	16.5	102	31.6	0.51	4710	12.7	0.37	8.95	0.77	264	31.4	12.6	3.75
FXS-7-8	石英脉破碎带	118	22	105	24.8	0.81	2150	8.68	1.51	9.88	0.84	395	104	292	6.21
FXS-7-9	石英脉破碎带 (石碑组)	17.3	32.7	112	48.5	1.01	3740	9.21	4.71	9.69	1	369	37	55.1	6.45
FXS-7-3	易家桥组板岩	33.8	948	187	2.35	7.25	63.1	138	9.79	10.3	0.37	538	222	107	5.88
FXS-7-4	易家桥组板岩	108	33.8	171	17.6	0.5	155	12.9	0.76	8.91	0.46	1050	50.8	116	25.3
FXS-7-10	CuPbZn 云英岩化石英脉	8.46	40	56.4	1.83	1.06	26.6	6.46	8.52	10.4	0.89	396	558	577	23.2
FXS-7-11	云英岩化石英脉	1460	110	743	1.39	2.91	7.55	6.5	108	13.5	16.2	955	140	562	29.7
FXS-7-12	云英岩化石英脉	1130	99.8	707	10.1	5.21	17.3	6.93	61.3	12.4	1.68	97.2	242	112	31.3
FXS-7-13	云英岩化石英脉	12.6	44.4	38.3	12	1.18	41.6	11.4	29.8	10.9	3.82	347	800	1430	33
FXS-7-14	云英岩化石英脉	730	142	1130	4.46	15.3	55.9	3.56	0.47	14.4	2.16	299	237	405	36.6
FXS-1-1	砂卡岩	33.7	24.1	161	2.96	0.046	18.4	8.8	0.56	8.46	2.36	76.8	29.3	27.4	4.82
FXS-1-10	砂卡岩	15.8	5.65	137	1.42	0.062	8.64	3.38	0.49	11.1	1.97	121	70.2	26.2	5.04

注：DAY 为大理岩，GZY 为构造岩，FXS 代表形山。

相关系数 R

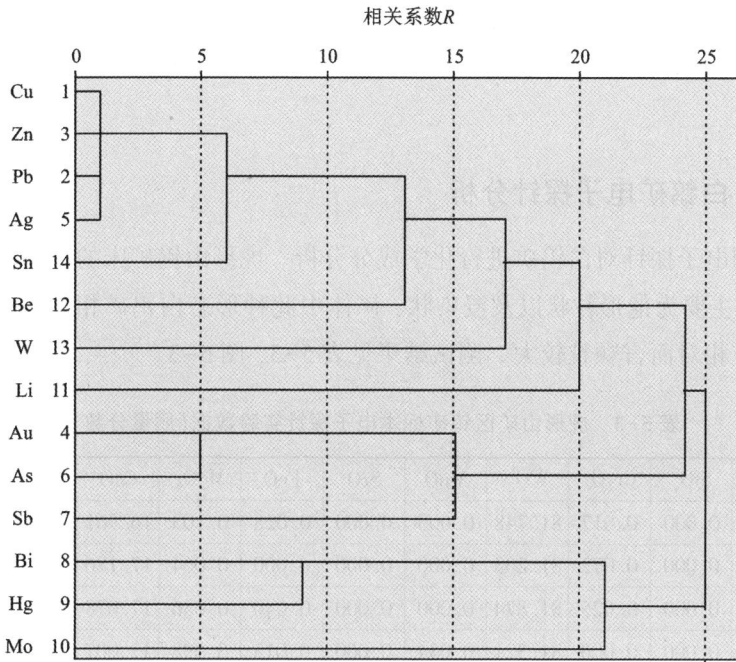

图 5-2　虎形山矿区成矿元素 R 型聚类分析图

5.4 电子探针特征

5.4.1 白钨矿电子探针分析

利用电子探针对白钨矿进行化学成分分析。虎形山钨矿床的白钨矿颜色较浅，形态主要为他形粒状以及浸染状，矿体中此种形态白钨矿相对富集，他形状白钨矿相对而言颗粒较大。测试结果见表5-3、图5-3。

表5-3 虎形山矿区钨矿标本电子探针实验数据(质量分数)　　　　%

样品编号	SiO$_2$	Cr$_2$O$_3$	WO$_3$	MnO	SrO	FeO	MoO$_3$	CaO	BaO	Total
H08-1	0.000	0.017	81.748	0.000	0.000	0.028	0.103	16.961	0.000	98.856
H08-2	0.000	0.072	81.203	0.000	0.000	0.000	0.064	17.186	0.050	98.575
H09-1	0.000	0.025	81.874	0.000	0.000	0.040	0.036	17.078	0.000	99.052
H09-2	0.000	0.000	81.321	0.034	0.000	0.013	0.098	17.007	0.000	98.472
H09-3	0.000	0.000	82.239	0.017	0.000	0.000	0.101	17.204	0.000	99.562
H21-1A	0.000	0.040	82.359	0.039	0.000	0.000	0.014	17.182	0.000	99.769
H21-1B	0.000	0.003	81.060	0.042	0.150	0.020	0.000	17.216	0.000	98.481
H21-2	0.000	0.000	81.941	0.052	0.192	0.032	0.124	17.180	0.000	99.781
H21-3	0.000	0.000	81.067	0.000	0.236	0.000	0.000	17.258	0.000	98.561
H23-1	0.000	0.000	80.951	0.014	0.260	0.017	0.111	17.053	0.000	98.876
H23-2	0.000	0.000	81.280	0.000	0.180	0.030	0.060	17.274	0.000	98.353
H23-3	0.000	0.000	80.616	0.059	0.000	0.000	0.000	17.533	0.000	98.208
H23-4	0.000	0.028	80.428	0.000	0.000	0.020	0.079	17.510	0.000	98.064

Q-Ms-Sch 阶段：Cr$_2$O$_3$ 的质量分数为 0.000% ~ 0.025%，平均值为 0.023%；BaO 的质量分数为 0.000% ~ 0.050%，平均值为 0.010%；CaO 的质量分数为 16.961% ~ 17.204%，平均值为 17.087%；MnO 的质量分数为 0.000% ~ 0.034%，平均值为 0.010%；FeO 的质量分数为 0.000% ~ 0.040%，平均值为 0.016%；WO$_3$ 的质量分数为 81.203% ~ 82.359%，平均值为 81.677%；MoO$_3$ 的质量分数为 0.036% ~ 0.103%，平均值为 0.080%；SrO 的质量分数为

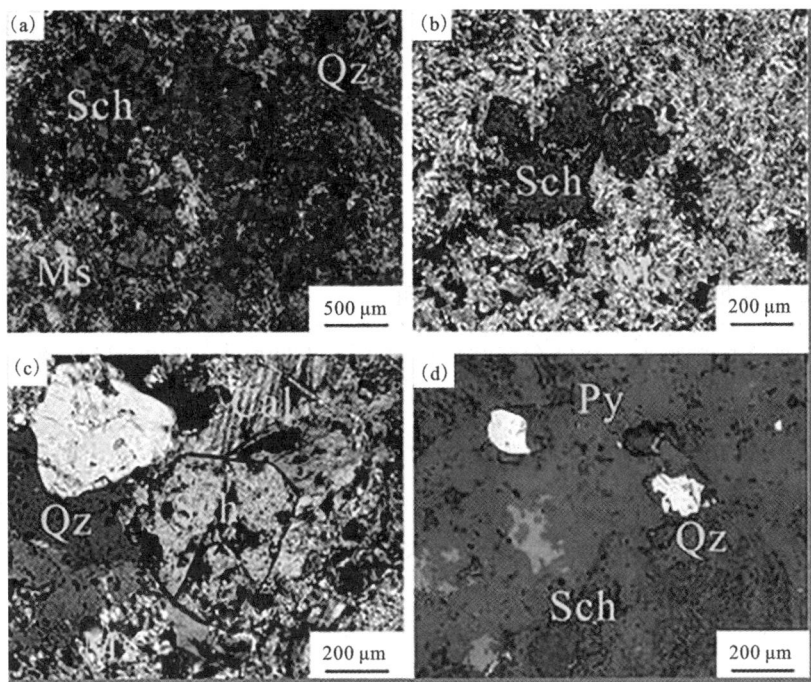

（a）灰岩中呈细脉浸染状产出白钨矿（Sch），白钨矿颗粒较大，与白云母（Ms）、石英
（Q）及少量方解石（Cal）共生（+）；（b）云英岩型白钨矿，白钨矿呈他形，与云母及少量
石英共生（+）；（c）云英岩化灰岩中细粒浸染状白钨矿，白钨矿较自形，与方解石、石英
和白云母共生（+）；（d）石英中黄铁矿（Py），较自形；白钨矿被交代残余（反光镜）。

图 5-3　虎形山矿区白钨矿矿石显微镜下照片

0.000%。

Q-Sch-Sulfides 阶段：Cr_2O_3 的质量分数为 0.000%～0.040%，平均值为
0.009%；BaO 的质量分数为 0.000%；CaO 的质量分数为 17.053%～17.533%，
平均值为 17.276%；MnO 的质量分数为 0.000%～0.059%，平均值为 0.026%；
FeO 的质量分数为 0.000%～0.032%，平均值为 0.015%；WO_3 的质量分数为
80.428%～82.359%，平均值为 81.213%；MoO_3 的质量分数为 0.000%～
0.124%，平均值为 0.048%；SrO 的质量分数为 0.000%～0.260%，平均值为
0.127%。

其中，Q-Ms-Sch 阶段的 WO_3、CaO 质量分数分别为 81.2%～82.4 % 和
17.0%～17.2%，石英—白钨矿—硫化物阶段的 WO_3、CaO 质量分数分别为

80.4% ~ 82.4 % 和 17.1 % ~ 17.5%，均高于白钨矿的理论组成[白钨矿 Ca(WO₄)理论组成 WO₃ 为 80.6%、CaO 为 19.4%]，白钨矿纯度较高，品质较好。

根据电子探针显微分析结果，白钨矿中 FeO、MoO₃、Cr₂O₃ 含量为微量。根据矿物晶体化学通式和电价平衡，以 O=4 为基准计算，求得白钨矿晶体化学式为 $Ca_{0.902}Sr_{0.002}[W_{1.030}(Mo_{0.001}, Fe_{0.001})O_4]$。

5.4.2 其他金属矿物电子探针分析

其他金属矿物电子探针分析结果见表 5-4 及图 5-4，可知金属矿物颗粒大小为 20 ~ 150 μm，样品 FXS-5-10-1Gn 和 FXS-5-10-4Gn 中金属矿物为闪锌矿；FXS-5-10-2Bi 中元素全部为 Bi，应为氧化铋，是由辉铋矿和其他含铋的硫化物氧化后形成，呈类质同相赋存于 FXS-5-10-1Gn 闪锌矿中；FXS-5-10-3Sp 中金属矿物为方铅矿，矿物中混入铁和极少量的镉，形成方铅矿—铁铅矿—镉铅矿类质同像系列。

表 5-4 虎形山矿区电子探针分析结果表(质量分数) %

样号	Fe	Zn	Pb	Cd	Bi	S
FXS-5-10-1Gn	—		86.843			13.072
FXS-5-10-2Bi	—	—	—	—	100	—
FXS-5-10-3Sp	9.014	57.159	—	0.689	—	32.018
FXS-5-10-4Gn	—		85.973			14.013

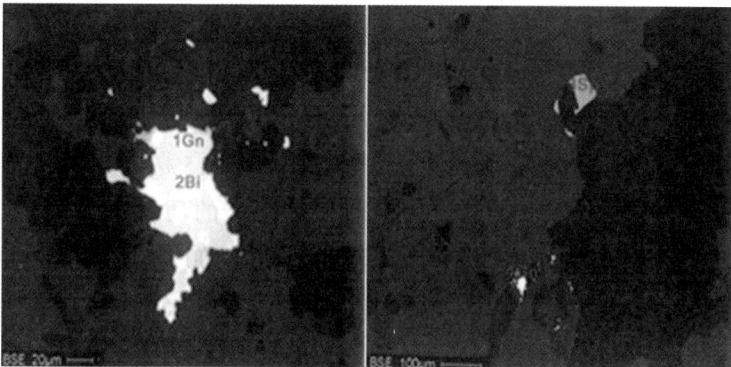

图 5-4 虎形山矿区金属矿物电子探针照片

5.5　流体包裹体岩相学及显微测温

矿区热液硫化物期Ⅱ、Ⅲ、Ⅳ阶段的石英中发现了流体包裹体。对其进行了岩相学观察,并开展了显微测温工作。

5.5.1　流体包裹体岩相学特征

1. Ⅱ阶段流体包裹体岩相学特征

显微镜下观测见石英中流体包裹体以原生包裹体为主,含少量次生包裹体(图 5-5)。室温(20℃)下的包裹体相态分析显示知包裹体类型主要为 L-V 型流体包裹体,其特征描述如下。

L-V 型包裹体:镜下包裹体形态以椭圆形为主,其次为不规则状和负晶型。包裹体粒径(长轴)范围为 4.0~10.7 μm,主要集中于 4.0~6.5 μm。包裹体气相百分数的范围为 10%~50%,主体集中在 20%~30% 区间。包裹体经升温之后,全部均一至液相。

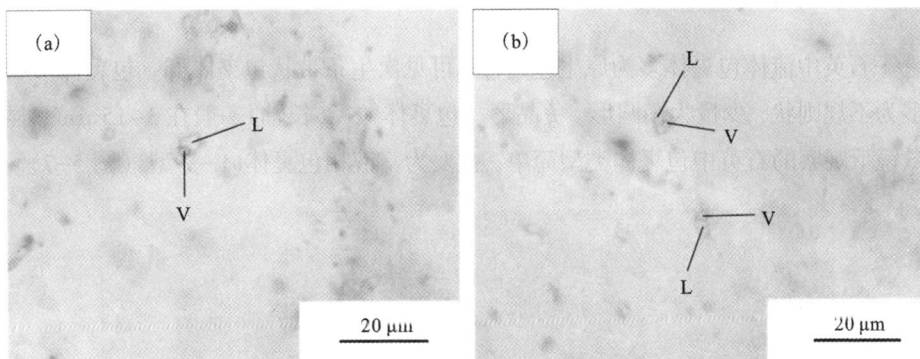

图 5-5　Ⅱ阶段石英中流体包裹体特征

2. Ⅲ阶段流体包裹体岩相学特征

该阶段所测的矿物包裹体为石英—白钨矿中流体包裹体,显微镜下观测到的包裹体均以原生包裹体为主(图5-6)。由室温(20℃)下的相态特征可知,该阶段流体包裹体的类型为L-V型液相水溶液包裹体。包裹体形态主要有椭圆形、不规则形和负晶型等多种形态,其中以不规则状居多。包裹体粒径(长轴)较小,变化范围为3.2~9.2 μm,主要集中在4.0~5.5 μm范围内。气相体积分数在8%~50%区间内均有分布,主要集中在20%~30%区间,流体包裹体经升温加热之后,都均一至液相。

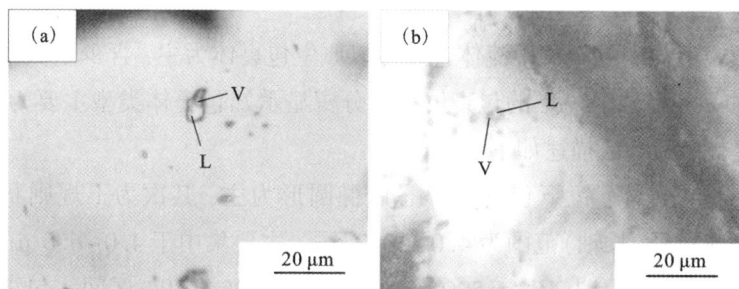

图5-6　Ⅲ阶段石英中流体包裹体特征

3. Ⅳ阶段流体包裹体岩相学特征

石英中流体包裹体多为原生包裹体,可见次生条带状包裹体群。包裹体形状多为不规则状,少量为椭圆形、负晶形。包裹体粒径(长轴)一般在3~15 μm。显微镜下观察的石英中包裹体类型简单,主要为富液相包裹体(L-V型)(图5-7)。

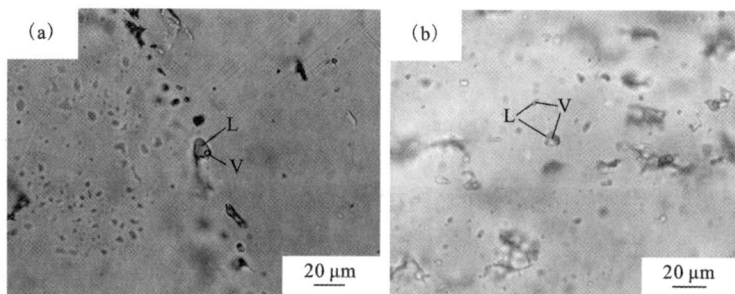

图5-7　Ⅳ阶段石英中的气液包裹体

5.5.2　流体包裹体测温

1. Ⅰ和Ⅱ阶段流体包裹体均一温度—盐度特征

由测温结果可知（表 5-5），此阶段石英中流体包裹体全部均一为液相，均一温度（T_h）变化区间为 167~302℃，众值区间为 200~300℃［图 5-8（a）］，显示为中温特征。盐度变化范围为 4.55%~7.96%（NaCleq，下同），众值区间为 6%~7%［图 5-8（b）］，显示为低盐度的特征。流体包裹体密度变化范围为 0.79~0.95 g/cm³，平均值为 0.88 g/cm³。总体来看，该阶段成矿流体具中温、低盐度特征，流体性质为简单的 NaCl-H₂O 体系。

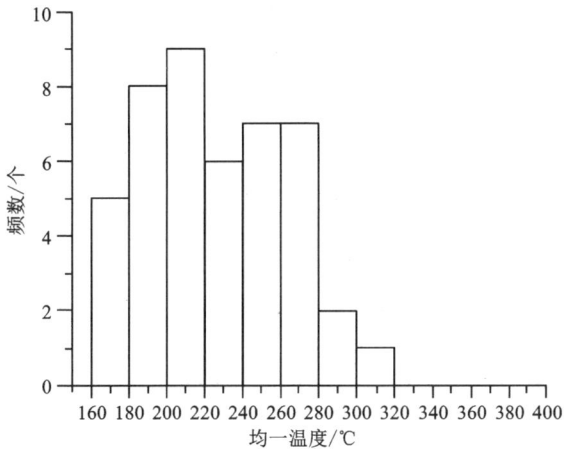

(a)石英均一温度直方图

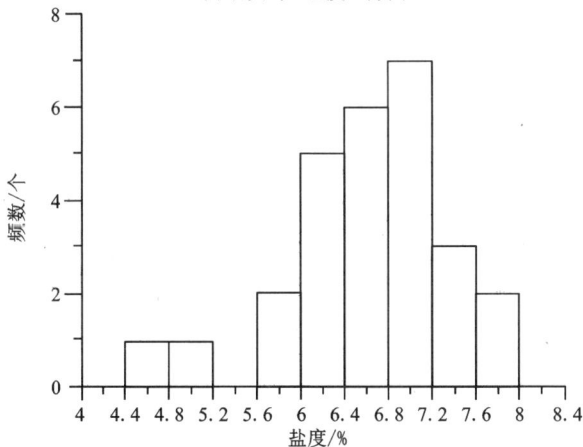

(b)石英盐度直方图

图 5-8　Ⅱ阶段流体包裹体温度-盐度直方图

表 5-5　虎形山矿区 II 阶段流体包裹体测温数据

样号	序号	大小 /μm	气液比 (20℃)/%	$T_i(ice)$ /℃	$T_m(ice)$ /℃	T_h /℃	盐度/%	密度/ (g·cm^{-3})
H18	1	2.6	10		-4.7	184	7.393	0.939
	2	2.0	15		-4.6	173	7.25	0.949
	3	2.1	30			234		
	4	2.1	10		-4.2	167	6.669	0.951
	5	2.1	12		-4.9	183	7.677	0.942
	6	2.4	20			203		
	7	3.7	7			205		
	8	2.2	20			230		
	9	2.0	10			221		
	10	2.1	20		-4.0	203	6.374	0.914
	11	2.8	10			202		
	12	2.2	18			178		
	13	2.5	15			173		
	14	2.4	10	-21.9	-4.3	226	6.815	0.893
	15	3.4	8		-5.1	208	7.959	0.922
	16	2.9	16		-4.2	300	6.669	0.787
	17	2.3	10	-22.5	-4.3	246	6.815	0.869
	18	3.2	20	-23.0	-4.6	258	7.25	0.858
	19	2.8	22	-22.4	-4.1	256	6.522	0.853
	20	4.7	30	-22.8	-4.5	276	6.961	0.829

续表5-5

样号	序号	大小 /μm	气液比 (20℃)/%	T_i(ice) /℃	T_m(ice) /℃	T_h /℃	盐度/%	密度/ (g·cm⁻³)
H31	1	2.5	15		−4.3	172	6.815	0.947
	2	2.5	20			182		
	3	3.1	8			191		
	4	2.3	30			196		
	5	2.0	10		−2.8	185	4.546	0.917
	6	4.2	15		−3.5	220	5.624	0.89
	7	3.0	10		−3.7	235	5.926	0.874
	8	2.5	6			190		
	9	2.0	20		−4.2	215	6.669	0.904
	10	4.3	17		−3.9	270	6.225	0.83
	11	3.2	15		−4.0	248	6.374	0.862
	12	2.6	18			191		
	13	2.0	10			219		
	14	2.5	7		−4.1	265	6.522	0.84
	15	3.5	10			226		
	16	3.2	20		−4.5	302	7.105	
	17	2.1	20		−4.4	202	6.961	
	18	3.4	10			250		
	19	2.4	20		−4.2	261	6.669	
	20	3.8	20			282		
	21	4.4	20	−22.4	−4.0	277	6.374	
	22	2.1	20	−20.6	−3.2	280	5.166	
	23	3.0	10			272		
	24	3.2	30	−21.7	−4.3	254	6.815	
	25	4.2	50	−22.5	−3.8	250	6.076	

2. III阶段流体包裹体温度—盐度特征

此阶段流体包裹体测温结果见表5-6，该阶段石英中流体包裹体全部均一为液相，均一温度(T_h)变化区间为191~365℃，众值在200~300℃之间[图5-9(a)]，显示中等温度特征。盐度变化范围为2.31%~5.62%，众值为3%~4%[图5-9(b)]，显示出低盐度特征。流体密度范围为0.61~0.90 g/cm³，平均值为0.79 g/cm³。总体来看，该阶段成矿流体具中温、低盐度特征。

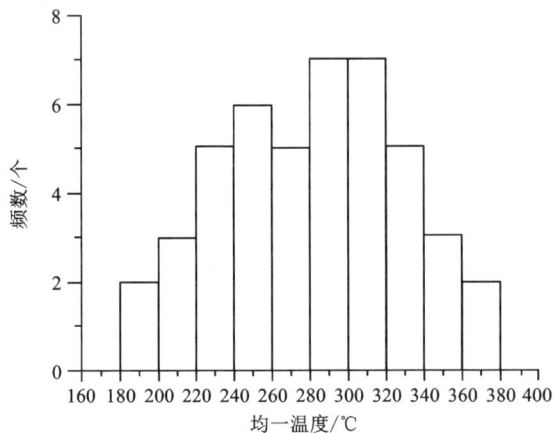

(a)均一温度直方图

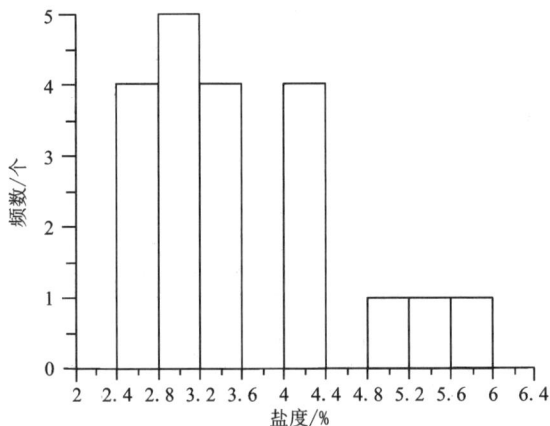

(b)盐度直方图

图5-9　III阶段流体包裹体温度—盐度直方图

表 5-6　虎形山矿区Ⅲ阶段流体包裹体测温数据

样号	序号	大小 /μm	气液比 (20℃)/%	T_i(ice) /℃	T_m(ice) /℃	T_h /℃	盐度/%	密度/ (g·cm⁻³)
	1	3.9	20		−2.1	273	3.348	0.791
	2	3.2	10			236		
	3	2.0	30		−1.9	251	3.117	0.823
	4	2.9	15			192		
	5	3.4	8			204		
	6	2.2	10		−2.6	226	4.232	0.870
	7	2.3	25			191		
	8	2.8	40			321		
	9	3.2	15		−3.2	208	5.166	0.900
	10	3.2	15		−3.2	208	5.166	0.900
H09	11	3.6	17			253		
	12	3.0	15		−1.8	203	2.956	0.877
	13	1.7	40			228		
	14	2.3	20			302		
	15	2.0	30			226		
	16	2.6	20	−21.5	−3.3	305	5.319	0.759
	17	2.1	30			342		
	18	2.5	20	−20.7	−3.5	278	5.624	0.810
	19	2.3	20	−22.3	−2.0	316	3.278	0.705
	20	2.5	20	−23.6	−2.2	245	3.598	0.838
	21	2.5	50	−21.2	−2.6	365	4.232	0.607

续表5-6

样号	序号	大小 /μm	气液比 (20℃)/%	T_i(ice) /℃	T_m(ice) /℃	T_h /℃	盐度/%	密度/ (g·cm^{-3})
H21	1	1.4	20			285		
	2	2.0	30			309		
	3	1.2	40			307		
	4	1.3	40			283		
	5	2.0	28			298		
	6	2.1	17			288		
	7	3.3	40			340		
	8	2.0	30			325		
	9	3.0	35			358		
	10	2.9	40			363		
	11	3.0	22			345		
	12	2.4	10			322		
	13	2.0	10			302		
	14	5.0	10	−21.6	−1.8	260	2.956	0.807
	15	3.1	10	−20.9	−2.0	292	3.278	0.754
	16	2.4	10		−1.9	306	3.117	0.724
	17	3.0	20	−21.3	−1.6	322	2.632	0.681
	18	5.1	10	−20.4	−1.5	254	2.469	0.811
	19	5.2	10	−24.9	−2.5	293	4.074	0.764
	20	2.8	10		−1.6	273	2.632	0.781
	21	2.3	20	−22.1	−1.5	282	2.469	0.762
	22	2.9	10	−23.6	−2.7	263	4.389	0.819
	23	2.6	30		−1.9	279	3.117	0.776

3. IV阶段包裹体温度—盐度特征

此阶段流体包裹体测温数据见表5-7，石英中流体包裹体均一为液相，均一温度(T_h)变化范围为120~280℃，众值区间为160~200℃，显示低温特征（图5-10）；盐度变化范围为3.53%~16.05%，众值区间为6%~8%（图5-10），总体显示为低盐度的特征。流体包裹体的密度为0.80~0.98 g/cm^3，平均值为0.94 g/cm^3，显示成矿流体的密度相对较低。

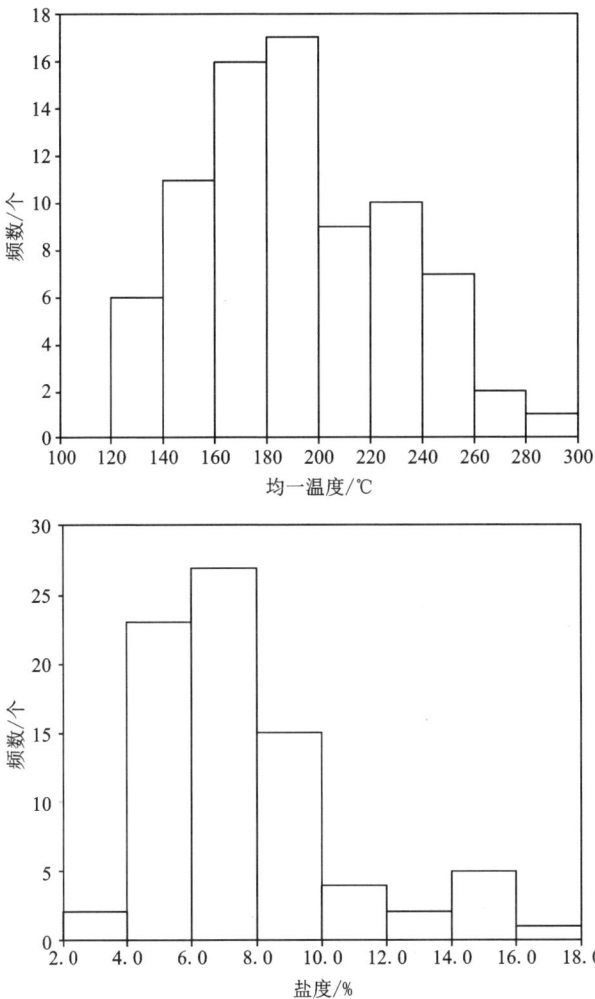

图 5-10　虎形山钨多金属矿区包裹体均一温度和盐度分布图

此阶段流体包裹体均一温度明显低于Ⅱ、Ⅲ阶段流体包裹体温度，表明成矿后期大气降水混入增加，导致成矿流体温度降低。从数据分析来看，该阶段部分包裹体盐度>10%，而区别于Ⅱ、Ⅲ、Ⅳ阶段其他流体盐度变化范围，暗示在成矿后期叠加了其他流体混合作用。

表5-7　虎形山矿区Ⅳ阶段包裹体测温数据

样号	寄主矿物	大小/μm	冰点/℃	均一温度/℃	盐度/%	密度范围/(g·cm⁻³)	平均密度/(g·cm⁻³)
FXS-2-1	石英	2~25	-5.8~-6.1	180~190	8.94~9.34	0.94~0.96	0.95
FXS-2-10	石英	2~25	-3.8~-4.7	155~180	6.14~7.44	0.94~0.96	0.95
FXS-4-1	石英	2~20	-2.9~-5.1	198~280	4.87~7.99	0.80~0.91	0.88
FXS-4-10	石英	2~20	-3.0~-3.5	120~160	5.00~5.70	0.94~0.98	0.96
FXS-5-1	石英	2~15	-2.1~-12.1	130~240	3.53~16.1	0.93~0.96	0.95
FXS-5-10	石英	2~15	-4.1~-6.8	150~210	6.58~10.2	0.93~0.97	0.95

5.5.3　成矿流体演化特征

通过上述Ⅱ、Ⅲ、Ⅳ阶段流体包裹体分析，将成矿不同阶段流体包裹体数据汇总至表5-8，从图5-11流体包裹体温度—盐度变化关系图解来看，不同阶段包裹体具明显的演化特征。

从均一温度演化特征来看，Ⅱ阶段流体温度变化范围为167~302℃，Ⅲ阶段流体温度变化范围为191~365℃。均一温度代表了成矿流体温度下限值，从而反映出主成矿阶段钨金属成矿阶段成矿流体温度较高，表明主成矿Ⅱ、Ⅲ阶段钨多金属成矿流体为中高温流体，中高温流体是矿区钨多金属沉淀成矿主要的温度区间；Ⅳ阶段流体温度变化范围为155~240℃，成矿流体温度相对于Ⅱ、Ⅲ阶段流体温度明显降低，总体表现为中温特征。从主成矿阶段温度演化特征反映出成矿流体温度逐渐降低（图5-11），暗示随着成矿作用的进行，大气降水混入增加，致使成矿流体温度降低，此阶段的矿物主要为萤石、石英、铅锌矿、黄铁矿等，表明中温条件下是铅锌矿等有利的成矿区间。

从盐度的演化特征来看Ⅱ阶段盐度变化范围为4.55%~7.96%，Ⅲ阶段盐度变化范围为 2.47%~5.62%，总体表现为低盐度的特征。Ⅳ阶段盐度变化范围为 3.53%~16.1%，表现为低到中等盐度特征，暗示成矿流体演化到成矿晚期阶段，可能存在地层中流体与成矿流体发生了混合作用。

经上述分析认为，Ⅱ、Ⅲ阶段成矿流体为中高温、低盐度特征，是矿区钨—铍矿主要的成矿温度区间；Ⅳ阶段流体为中温，低—中盐度特征，是矿区铅锌矿、黄铁矿等主要的成矿温度区间。

表 5-8　虎形山矿区不同阶段流体包裹体测温结果统计

阶段	主要矿物	大小 /μm	气相体积分数/%	$T_m(ice)/℃$ 范围	$T_h/℃$ 范围	盐度 w/% 范围	密度 /(g·cm^{-3})
Ⅱ	石英	2.0~3.5	10~50	-5.1~-2.8	167~302	4.55~7.96	0.79~0.95
Ⅲ	石英	1.2~5.2	5~50	-3.5~-1.5	191~365	2.47~5.62	0.61~0.90
Ⅳ	石英	2.0~25	8~25	-2.1~-12.1	155~240	3.53~16.1	0.8~0.97

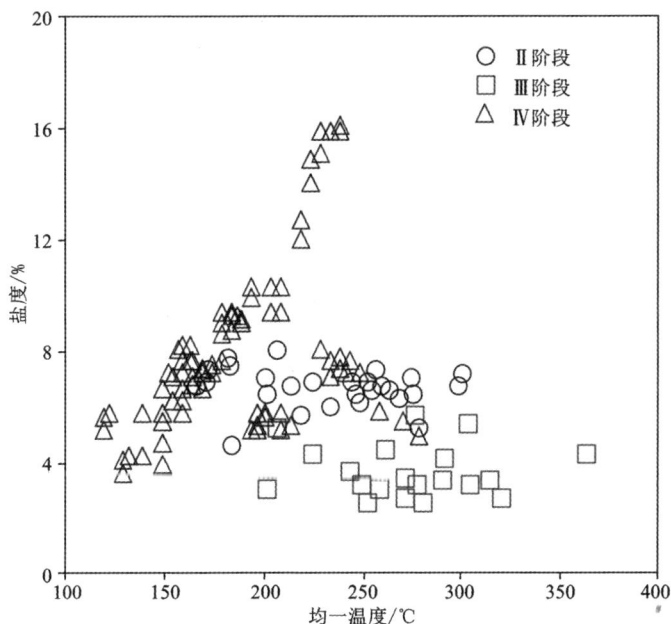

图 5-11　虎形山流体包裹体均一温度—盐度关系图

第6章

矿床成因及成矿模式

6.1 成矿物质来源

亲石元素钨在富集机理上表现为在地壳中富集程度高，而在地幔中相对较为亏损（Ertel et al.，1996）。在地壳中钨的丰度分布：上地壳含量为 1.9 mg/g，下地壳为 0.6 mg/g。华南地区基底大多为一套碎屑岩泥质岩，其钨元素含量较高，刘英俊和马东升（1987）通过对地层中钨元素含量分布大量统计表明钨元素在泥岩、页岩和板岩中的含量要远远高于在砂岩中的含量。虎形山矿区新元古界冷家溪群地层主要为一套泥质为主的片岩和板岩，地层中 Cu，Pb，Zn，Sn，W，As 等成矿元素丰度高（表6-1），且 W 元素含量最高达 1245.5 mg/g，明显高于背景值（约10倍），是平均地壳 W 元素（1.0 mg/g）含量的上千倍，表明冷家溪群板岩富含成矿元素钨等。从上述分析来看，湘东北地区经历了多期次构造—岩浆演化作用，在燕山期多期次岩浆侵位过程中，地层中的成矿物质 Cu，Pb，Zn，Sn，W，As 等被活化后，地层中钨元素不断被萃取出来成为含矿流体，在岩体顶部构造裂隙带逐渐聚集成矿。从而表明壳源的冷家溪群地层高含量的钨元素是矿区钨矿成矿重要的物质来源。

从上述虎形山花岗岩微量元素分析结果来看（表5-2），花岗岩中钨元素含量达到 83.3~333 mg/g，同样反映出虎形山地区花岗岩富集了含矿元素钨，在岩浆高分异演化过程中含钨热液流体迁移富集为钨矿形成提供了重要的物质来源。

综合来看，湘东北地区冷家溪群的富钨背景和花岗岩中高钨元素含量，是该矿区钨成矿富集的主要的两个因素，是虎形山矿区导致钨矿化的两个重要过程。

表 6-1 湘东北地区冷家溪群金属元素含量数据结果 单位：mg/g

编号	Cu	Pb	Zn	Sn	Mo	W	As	Sb	Bi
H01	76.0	57.6	109.3	3.90	0.79	120.8	4.30	3.91	1.03
H02	12.6	30.5	115.8	5.10	8.76	142.4	4.97	2.01	0.98
H03	20.1	18.6	89.9	2.90	7.47	98.4	58.46	3.51	2.03
H05	2.10	92.7	33.3	3.60	0.42	108.9	2.13	0.69	0.47
H07	11.5	51.2	52.4	7.10	0.37	145.6	17.32	1.16	0.24
H15	12.5	11.5	99.6	6.10	0.56	167.7	5.77	1.11	0.45
H19	19.5	10.2	43.9	2.70	0.39	56.1	7.43	1.16	0.16
H22	5.20	15.8	157.7	8.30	0.48	1246	4.70	1.59	0.50
H25	89.6	14.7	105.4	11.1	0.43	136.6	35.28	1.94	1.60
H26	6.90	55.2	83.9	9.90	0.42	5.90	1.43	1.22	1.05
H31	62.9	3.40	72.1	10.7	0.32	110.8	541.71	8.41	3.51
背景值	11.4	38.6	44.6	2.30	14.5	15.9	50.4	14.9	1.25

6.2 钨的富集与成矿

研究结果表明，虎形山花岗岩为 S 型花岗岩，其原岩可能来源于沉积岩。高分异特征在主要元素和可变高场强元素(图 4-2)上表现为负 Ti、Mg、Sr、Ba、Hf 和稀土元素异常(图 4-4)。MgO、CaO、TiO_2、Al_2O_3 和 $Fe_2O_3^T$ 与 SiO_2 的负相关性意味着角闪石、斜长石和黑云母的分馏(图 4-3)。高场强元素(如 Zr、Hf、Nb 和 Ta 以及 REE)的异常表明存在锆石、磷灰石和独居石分馏。作为大离子亲石元素之一，钨在部分熔融时高度不相容，在晶体分馏过程中会集中在残余熔体或流体中(Fogliata et al.，2012；Huang and Jiang，2014)。虽然钨可能在长英质花岗岩岩浆演化早期富集在金红石中，然后在晚期富集在云母中，但这一问题对于仅含钛铁矿的虎形山花岗岩来说并不重要(Haggerty，1976)。黑云母结晶可调节熔体和残余相中钨的浓度,进一步促进钨的积累。

虎形山花岗岩富含不相容元素(如 K、Th 和 Rb;图 4-2),具有较高的 A/CNK 比值,这可能源于周围沉积岩的污染,也可能源于岩浆演化后期的熔体—流体相互作用(Chappell et al.,2012)。虎形山花岗岩的锶同位素组成和铀/钍比值的变化可能未受地壳混染的影响[图 4-3(g)和(h)]。此外,虎形山花岗岩相对较高的 U/Th 比值可能表明岩浆演化后期的熔体—流体相互作用[图 4-3(h)]。熔体—流体相互作用是由强烈的分离结晶驱动的,分离结晶导致残余熔体中的流体富集。虎形山花岗岩极低的 HREE 含量和特殊的 REE 配分模式将受到熔体—流体相互作用的影响。

在岩浆演化后期,熔体—流体相互作用也可以改变长英质岩浆的氧化还原状态。而钨在高演化花岗岩熔体、流体、白钨矿和黑钨矿中的主要氧化态为 +6 价,说明钨不受氧化还原态的控制。尽管实验表明,流体和钛铁矿之间的钨分配系数略微受氧逸度的控制,而氧逸度实际上取决于钛铁矿对钨/钼的分馏,但一些研究人员声称相反,即不受氧逸度的影响。此外,钛铁矿实验表明,W 元素分配变化较小,氧逸度为 0.4~0.5。由于钛铁矿是一种副矿物,在熔体—流体相互作用过程中,氧逸度变化的影响很小。

关于钨花岗岩起源的假说很多,但大体上遵循两条截然不同的论点。一种观点认为,与钨有关的长英质岩浆的钨来源于古地壳变质沉积基底深熔轴中的异常富钨源。华夏地块古变质沉积基底主要包括上溪群、双桥山群、板溪群和四堡群等。华夏地块的虎形山和大湖塘钨花岗岩的 Nd 同位素组成为双桥山群的演化序列,而华夏地块的东源和杨竹岭钨花岗岩的 Nd 同位素组成为双溪坞群的演化序列[图 4-6(a)]。钨花岗岩的锆石 Hf-O 同位素组成也表明地幔熔体的罕见输入(Guo et al.,2012)。此外,南岭地区的含钨花岗岩落在在华夏地块的元古宙基底岩石范围中[图 4-6(a)]。与华夏地块的基底岩石相比,华夏地块的变质基底代表了演化程度较低和较年轻的元古宙地壳,华夏地块的基底岩石代表了基于 Nd 同位素特征的较老和较进化的元古宙地壳。

然而,另一种观点认为,钨富集是由岩浆作用引起的,岩浆作用通过下地壳内的岩浆混合进行,并有地幔的贡献(Mao et al.,2017)。此外,华南新天岭钨矿床和姚岭钨矿床成矿流体的 He-Ar 同位素组成表明,成矿流体主要来源于地壳内部,但也有地幔的贡献(Zhai et al.,2012)。南岭地区与钨锡相关的花岗

岩锆石 $\varepsilon_{Hf}(t)$ 值增加明显(Su et al., 2017),亦佐证了这一观点。南岭地区的含锡花岗岩通常含有镁铁质包体,锆石饱和温度高于含钨花岗岩,也表明成矿流体部分来源于地幔(Liu et al., 2017)。在 $\varepsilon_{Hf}(t)$—年龄(t)图上(图 4-7),南岭西华山钨花岗岩由于 Hf 同位素组成在地壳物质范围内,缺乏地幔贡献。新天岭钨矿床位于北北东向钦—杭带的南部,钦—杭带是扬子地块和华夏地块合并的新元古代断裂带(Mao et al., 2013a)。新天岭花岗岩的 Hf 同位素组成通常高度可变,总范围为 15 ε_{Hf} 单元,但它们也涵盖与下地壳变质沉积物相同的 Hf 同位素范围(图 4-7),表明很少或没有地幔源贡献。尽管华夏地块(如大湖塘、虎形山)钨花岗岩的 $\varepsilon_{Hf}(t)$ 值明显较高,且分布于华南地壳物质之间,华夏地块中不存在镁铁质包体和钨花岗岩较低的锆石饱和温度(650~776℃)表明没有太多的地幔物质加入(Su and Jiang, 2017)。综上所述,华南钨花岗岩主要来源于地壳,没有明显的地幔贡献。

燕山期大规模岩浆活动形成的花岗岩与钨矿的形成关系密切,前人研究认为高分异演化的 S 型花岗岩源区主要为壳源。前述同位素研究表明虎形山地区花岗岩源自壳源,且富集成矿元素,是矿区钨矿重要的成矿母岩。锆石是花岗质岩浆中较早结晶的副矿物,具有相对稳定且对温度敏感的特征,因此锆石饱和温度被认为近似代表花岗质岩石近液相线的温度。本文采用 Watson and Harrison 通过高温试验得出的模拟公式,来计算花岗岩的饱和温度。计算表明虎形山花岗岩的锆石饱和温度为 727~785℃。

Q-Ab-Or 相图法是研究花岗岩源区压力条件的常见压力计(李小伟等,2011)。虎形山花岗岩不存在典型的斑状结构,因此可直接将 CIPW 计算得到的长石、石英含量投影于 Q-Ab-Or 图解中来推测其源区的压力条件。在图 6-1(a)中,虎形山花岗岩样品普遍投影于 0.1~0.5 GPa 之间,反映较低的源区压力条件和较浅的源区深度。该结论与在 $n(CaO)/n(Al_2O_3)-n(CaO+Al_2O_3)$ 图解中[图 6-1(b)],样品均投影于低压线之下的现象一致。此外,虎形山花岗岩较低的 Gd/Yb(2.18~3.84)和 Sm/Yb(2.49~4.84)值同样指示了岩浆源区具有较低的压力。

全岩的铁、镁和硅含量可以推测花岗岩源区的氧逸度情况(许德如等,2006)。通过铁—镁比值投影图可知,虎形山花岗岩样品均投影于铁质和镁质界线附近的镁质花岗岩范围,显示偏氧化的源区环境。

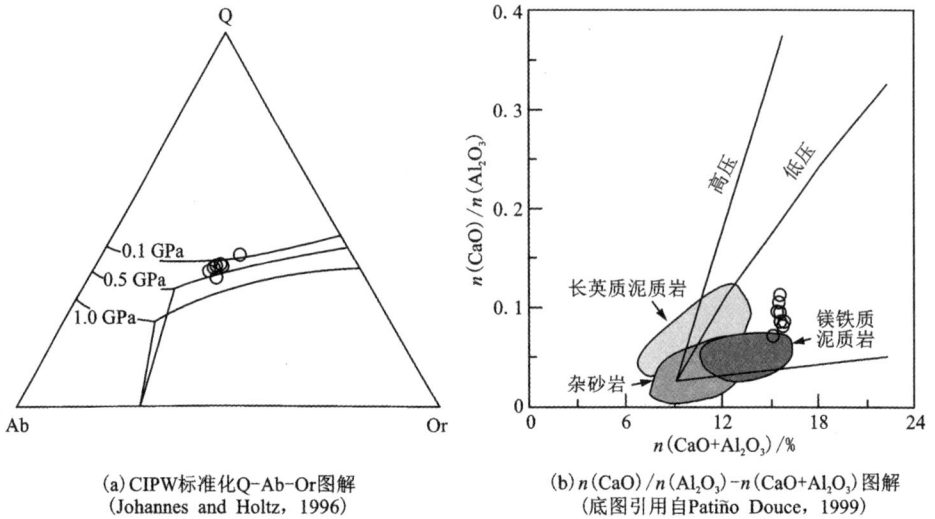

(a) CIPW标准化Q-Ab-Or图解
(Johannes and Holtz, 1996)

(b) $n(CaO)/n(Al_2O_3)$-$n(CaO+Al_2O_3)$图解
(底图引用自Patiño Douce, 1999)

图 6-1　虎形山花岗岩图解

6.3　矿床成因

结合前述虎形山钨矿床地质特征、成矿阶段特征、成岩成矿年代学和同位素分析、流体包裹体温度—盐度分析,综合前人研究成果系统分析矿床成因如下。

从矿体特征来看,矿体呈脉状产出,主要受 F1 断裂带及其下盘寒武系牛蹄塘组地层控制。矿体走向与 F1 断裂带近于平行(唐朝永等,2013)。矿石中金属矿物主要为白钨矿、黑钨矿、绿柱石、黄铜矿、辉钼矿、闪锌矿。矿石结构以半自形晶和他形粒状结构为主,少量为自形晶结构。矿石构造有浸染状、细脉状、细脉浸染状、块状、角砾状构造等。矿区 F1 断裂上盘以发育硅化、磁黄铁矿化蚀变为主,F1 断裂下盘发育云英岩化、矽卡岩化。这些矿床地质特征符合岩浆热液型矿床的基本特征。

从成岩成矿时代来看,虎形山矿床隐伏花岗岩锆石 U-Pb 年龄为(137.8 ± 0.5)Ma 与钨矿石石英颗粒中流体包裹体 Rb-Sr 等时线年龄(134 ± 2)Ma 一致,表明虎形山钨矿化与花岗岩的侵位有关,属于燕山期大规模岩浆活动成矿地质事件。此外,含矿花岗岩的岩石地球化学、成矿阶段流体特征及同位素研究均表明矿区钨成矿作用与岩浆活动关系密切,岩浆活动既为成矿作用提供了热液来源,同时,花岗岩中钨元素含量高也反映出岩浆活动提供了成矿物质来源。

从控矿因素来看,矿体赋存在寒武系地层中,受构造影响,形成了层间滑动带,控制了矿体的形态展布。矿区内 F1 断裂为成矿流体的运移提供了通道,同时严格控制了矿体产出的形态特征。矿区深部隐伏花岗岩为矿区成矿母岩,为成矿作用提供了重要的物质源和热液流体,综合反映出矿区钨矿受岩体顶部构造裂隙控制。

从成矿物质来源看,上述分析表明地层基底冷家溪群富集钨成矿元素,最高可达平均地壳钨元素含量的 1000 倍以上,是区内钨重要的成矿物质来源。区内花岗岩 Hf 同位素研究表明花岗岩源于壳源,从花岗岩微量元素分析发现钨元素含量较高,可达平均地壳钨元素含量几百倍以上,同样可为钨成矿提供物质来源。因此,矿区内的成矿物质来源于地层及壳源岩浆。

从成矿阶段流体包裹体温度条件看,对主成矿期 Ⅱ、Ⅲ、Ⅳ 阶段石英中流体包裹体测试发现包裹体均一温度和盐度在 Ⅱ、Ⅲ 阶段分别为 167~302℃ 和 4.55%~7.96%、191~365℃ 和 2.47%~5.62%,均一温度代表了成矿流体温度下限值,表明主成矿 Ⅱ、Ⅲ 阶段钨多金属成矿流体为中高温流体、低盐度特征。成矿期 Ⅳ 阶段石英中流体包裹体均一温度和盐度众值区间在 160~200℃,5%~8%,表明该阶段成矿流体为中温、低—中盐度特征。成矿流体特征反映了矿区钨矿成矿流体有利区间为中高温、低盐度条件,在成矿晚期温度降低,矿化作用趋于结束。

综合以上分析,认为虎形山矿区钨多金属矿成矿作用与矿区深部隐伏花岗岩侵位活动密切相关,岩浆活动为钨成矿提供了物质来源和成矿热液,岩浆高分异演化过程中钨元素逐渐富集,钨以络合物形式在岩浆热液中迁移沉淀成矿。同时,地层中钨元素在岩浆热液作用下不断活化、萃取,最终沿构造断裂带(F1)迁移富集。当成矿热液流体在断裂破碎带有利的成矿空间不断富集,流体演化为中等温度和低盐度条件时,钨络合物分解,造成钨矿的沉淀成矿作用。

6.4 成矿规律分析

6.4.1 成矿时空分布规律

1. 成矿的时空演化和继承性成矿

湘东北地区成矿作用时间跨度大，从加里东期到第四纪，都有矿床形成。在不同时代成矿高峰形成不同类型矿床。W、Au 等矿床的成矿具有继承性，在不同成矿期内以相同或不同的矿化形式再次出现，相继成矿。

区内除砂矿(砂金、砂钨、砂)外，绝大部分内生贵金属和有色金属矿床点形成于加里东期至燕山期，以燕山期(晚期)成矿为主，虎形山钨多金属矿床形成于燕山晚期。

2. 矿床的空间展布和矿化分带

矿床在地质空间上某些特定的部位富集成矿，受制于区域大地构造背景和元素活动丰度。

从虎形山钨多金属矿区及其所处的区域位置来看，新元古代的冷家溪群和板溪群富含 W、Sb、Au 元素，江南造山运动(武陵运动或雪峰运动)形成东西向线性断裂带横切 W、Sb、Au 金属域，使金属域内矿床或多或少地沿着横切金属域的区域构造分布，形成规模不一的矿(化)床(点)。区内零星出露 30 多处中基性、酸性岩脉(墙)。研究区东南部为幕阜山岩体，存在不同期次的侵入活动。岩浆活动与成矿关系密切，侵入岩岩石类型表现出分异程度高则与 Cu、Pb、W 关系密切，而花岗伟晶岩则与 Nb、Ta、Be 等成矿有关。

从虎形山钨多金属矿区矿化的空间分带来看，W 矿床体主要分布在冷家溪群和寒武系地层中，位于褶皱构造的翼部和东西向断裂构造带内。就矿化的局部分带，成矿元素具备一些大致的规律，矿体核心部位为高中温元素，元素组合复杂；两侧为中低温元素，元素组合趋于简单。

6.4.2 控矿因素分析

从研究区成矿地质条件及成矿地质背景分析，虎形山钨多金属矿控矿因素与矿区地层、岩性、构造、岩浆岩等因素密切相关。

1. 地层与成矿的关系

地层对虎形山钨多金属矿床具有重要的控制作用。区内冷家溪群易家桥组富含 W、Sb、Au，是矿区的次要赋矿层位，钨矿体产于该地层或该地层断裂构造中；牛蹄塘组是矿区的主要赋矿层位，地层中高钨元素含量在岩浆活动过程中被活化、萃取，是区内成矿的重要物质来源。

2. 构造与成矿的关系

1）断层活动与成矿的关系

矿区控矿构造为近东西向断裂构造（带），具有继承性和派生性及活动时间长，成矿作用复杂的特点，为成矿元素运移不断提供成矿通道和空间，多期次构造运动是造成矿体多元素叠加的主要因素。矿区断层性质为压扭性，矿体既赋存于断层产状变化的部位，又产于断层下盘的断裂构造与牛蹄塘组含矿岩系交汇（切）处。燕山期大规模的岩浆活动不仅为成矿提供了热源，也为成矿提供了物源（热水、成矿元素），使本区含矿断裂构造活化成矿（叠加成矿），活化的断裂因性质不同和断裂部位不同，应力强度、压力大小、氧化还原环境、围岩的渗透性和化学活泼性等均有很大差别，成矿热液一般沿断层应力集中的地方运移，在相对封闭的还原环境和渗透率高、化学性质活泼的围岩条件下，聚集成矿。

2）褶皱构造对成矿的控制

矿区背斜轴部和向斜翼部控矿规律明显，虎形山钨多金属矿床受控于向斜翼部。本区主体褶皱构造是临湘倒转向斜，该向斜构造岩性差异大，在翼部极易剥离和碎裂，翼部挤压、碎裂可形成规模较大能与基底构造沟通的深大断裂，为热液和矿质的运移提供广阔通道，并提供储矿场所。临湘向斜倒转经历了多期大地构造运动，配套断裂构造深切可望与深部岩基（侵入体）相连，为热液、物源、水源的交替混合运移准备了良好通道。由于矿液从下向上运移，当遇到向斜时，向两翼分散，于翼部裂隙运移，在圈闭环境下成矿。

3.岩浆活动与成矿的关系

从虎形山钨多金属矿矿体分布特征及矿物组合特征来看，成矿作用与侵入岩关系密切。矿区外围幕阜山岩体具相当规模，矿区内地表未发现规模较大的岩体，在钻孔深部见隐伏岩体(大于 1000 m)，花岗岩中钨元素含量达到 83.3~333 mg/g，矿体主要集中于隐伏花岗岩顶部裂隙空间。由此可见，深部岩体是成矿重要的物质来源，同时，岩浆活动为成矿作用提供热液流体，岩浆侵位过程中，岩体顶部聚集挥发分，挥发分与含矿金属元素易形成络合物迁移，与成矿物质的迁移和沉淀关系密切。成矿物质在构造活动部位迁移，最终在成矿有利的温压条件下沉淀成矿。

6.5   成矿模式

研究区处于中下扬子地块东南缘中的江南古陆隆起区的北部，构造和岩浆活动频繁，以燕山晚期岩浆活动为主。虎形山矿床成因属中高温沉积变质+岩浆热液叠加改造型钨多金属矿床，成矿时代为燕山晚期，成矿物质具多源性，主要来自于深部岩浆，同时也有壳源成分的加入。

根据矿床地质特征、矿床规模、赋存深度，结合大地构造环境，虎形山钨多金属矿床的成矿过程可归纳为：①前武陵期形成的新元古界冷家溪群地层富含丰富的成矿物质；②江南造山运动在区内形成一系列压扭性东西向断裂构造，为成矿热液提供了运移通道和储矿场所，同时受流体作用，局部矿化或富集；③燕山期长期大规模的构造—岩浆活动，为成矿提供了丰富的物质来源(热水、成矿元素)和热源，一方面在岩浆侵入部位的内外接触带形成矽卡岩型和斑岩型 Cu、Mo 矿床(体)；另一方面伴随少量大气降水及地下水混染作用，使本区含矿断裂构造再次活化，形成一系列导矿和储矿空间，活化的断裂因性质和断裂部位不同，应力强度、压力大小、氧化还原环境、围岩的渗透性和化学活泼性等均有很大差别，成矿热液沿断层应力集中部位运移，在相对封闭的还原环境和渗透率高、化学性质活泼的围岩条件下，集结成矿。在减压扩张近地表断裂形成浅部独立 Au 矿床(体)，在向斜构造翼部及滑脱转折部位形成叠加改造型多金属矿，在伸展剥离构造带岩相过渡带形成外接触带 Pb、Zn 矿床

（体），复杂岩相、构造封闭，则萃取远程热液成矿物质，形成 W、Be 矿床
（体）。成矿模型示意图见图 6-2。

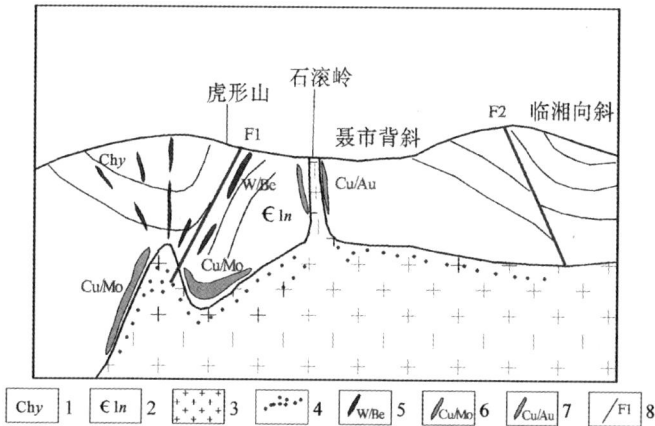

1—中元古代长城系易家桥组；2—寒武系牛蹄塘组；3—花岗岩体；4—岩体蚀变带；

5—钨铍矿体；6—铜钼矿体；7—铜金矿体；8—断层及编号。

图 6-2　虎形山矿床成矿模式示意图

6.6　对区域成矿作用的指示

近年来，在江南地块发现了一组与中侏罗世至早白垩世长英质岩浆作用有
关的大型钨（铜钼）矿床（即大湖塘和朱溪矿床）（Mao et al.，2017；Su et al.，
2017）。江南地块钨矿带的成矿年龄（150—130 Ma）与长江成矿带相似，表明它
们形成于同一构造体制（Mao et al.，2017）。钦—杭成矿带中的许多钨锡矿床
主要形成于 175—130 Ma 时期（图 6-3）。钦—杭成矿带锡花岗岩中镁铁质包体
的存在表明，在与古太平洋板块俯冲相关的弧后伸展环境下，幔源熔体注入与
岩浆成矿过程（Yuan et al.，2019）关系密切。然而，江南地块的钨花岗岩涉及
到地幔源熔体的贡献不重要。

最近，在欧亚大陆之下的古太平洋板块俯冲期间，通过地幔输入，中国南
部与斑岩相关的 Cu-Au-Mo-W 矿床数量增加，年龄谱为 170~154 Ma（Li and
Jiang，2014；Li et al.，2014；Li and Jiang，2015；Zhou and Li，2000）。古太平洋

板块俯冲的模式及其与晚中生代陆内地壳广泛岩浆作用和丰富成矿作用的关系仍然是不确定的,尽管其长期以来一直为成矿研究的主题(Li et al.,2014;Li and Jiang,2014,2015)。

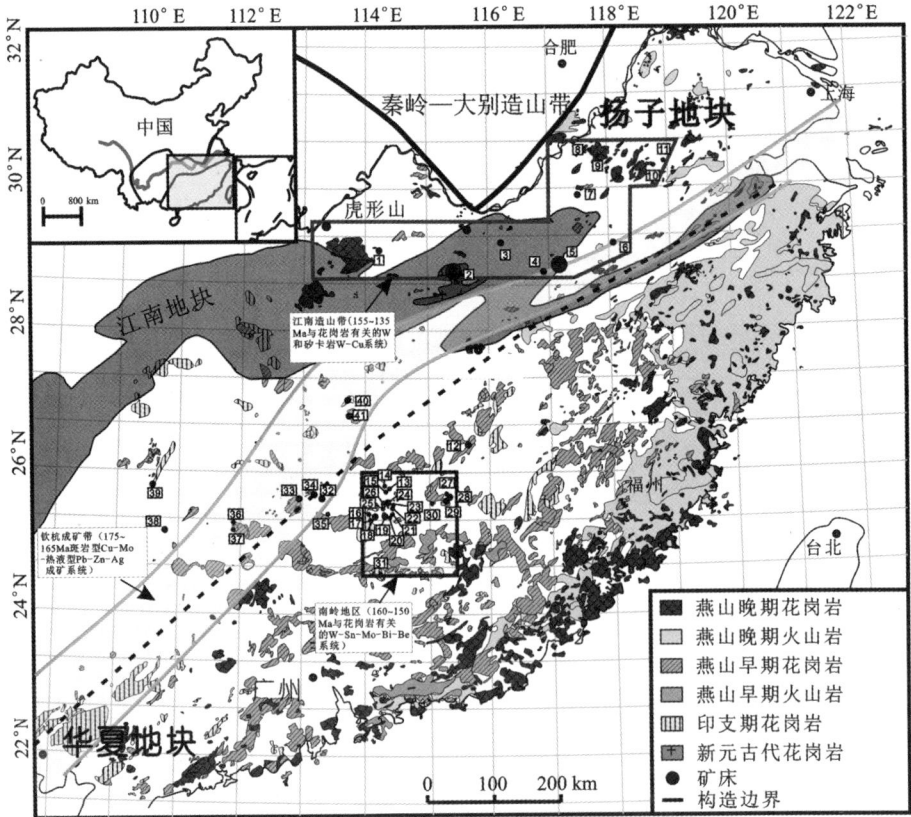

1.香炉山矿床;2.大湖塘W-Cu矿床;3.阳储岭W矿床;4.塔前W-Mo矿床;5.朱溪W-Cu矿床;6.千里山W矿床;7.东源W-Mo矿床;8.高家堡W-Mo矿床;9.百丈岩W-Mo矿床;10.大吴江W-Mo矿床;11.竹溪岭W-Mo矿床;12.画眉坳W矿床;13.焦里W矿床;14.淘锡坑W矿床;15.宝山W矿床;16.木子园W矿床;17.九龙脑W矿床;18.西华山W矿床;19.漂塘W矿床;20.牛岭W矿床;21.邹博W矿床;22.樟斗W矿床;23.红桃岭W矿床;24.茅坪W矿床;25.石雷W矿床;26.天门山W矿床;27.盘古山W矿床;28.黄沙W矿床;29.上坪W矿床;30.荒坡地W矿床;31.大吉山W矿床;32.瑶岗仙W矿床;33.新田岭W矿床;34.柿竹园W-Sn矿床;35.白云仙W矿床;36.大坳W-Sn矿床;37.瓜狗冲W-Sn矿床;38.栗木W-Sn矿床;39.牛界塘W矿床;40.湘东W矿床;41.锡田W-Sn矿床。

图 6-3　华南地区钨锡矿成矿时代分布图

(Xu et al.,2020)

最初，一个著名的模式涉及早中侏罗世开始的古太平洋板块低角度俯冲，在晚侏罗世至白垩纪转变为板块后撤（Zhou et al.，2006），被许多研究人员接受。然而，这一模式受到华南内陆白垩纪岩浆活动的挑战，与侏罗纪和白垩纪岩浆活动时空分布明显向海岸迁移的观点背道而驰。此外，长江带白垩纪岩浆作用和相关的多金属成矿作用可归因于山脊俯冲形成的板窗（Ling et al.，2009）。然而，含矿"埃达克岩"分布在远离当前大陆边缘（>1000 km 远）的地方，表明这种浅脊俯冲不太可能（Li et al.，2014）。作为山脊俯冲模型的替代方案，Li 等（2013）提出了一个在中国东南部下方随后发生板块分层和下沉的平板俯冲模型。然而，这种模型可能被岩浆作用的线性 NNE—SSW 走向分布所排除，并被证明具有裂谷相关的碱亲合性（Mao et al.，2017）。此外，中—晚侏罗世被动大陆边缘弧系的存在可由钦—杭成矿带内的钙碱性岩浆作用和相关斑岩矽卡岩 Cu-Mo-W 矿床（Mao et al.，2013a）以及沿海华夏地区的侏罗纪古田斑岩 Cu-Mo 矿床支持，与埃达克岩有关。

华南内陆湘南地区中侏罗统拉斑玄武岩—碱性镁铁质岩与钙碱性花岗质岩的组合表明，古太平洋板块的正交俯冲导致了一个活跃的大陆边缘环境（Jiang et al.，2011）。此外，晚侏罗世玄武岩和煌斑岩脉表明沿钦—杭带存在弧内裂谷机制，这可由一系列北东向侏罗纪伸展盆地内俯冲相关安山岩—英安岩—流纹岩组合和相关斑岩铜矿床的出现提供支持（Mao et al.，2013b）。与沿扬子地块和华夏地块边界发育的钦—杭构造成矿带类似，长江中下游成矿带被认为是连接扬子地块和华北克拉通的构造带，为地幔熔体注入地壳提供通道，并与斑岩矽卡岩成矿作用相对应（Mao et al.，2013b）。从长江中下游带和钦—杭带发现的许多亏损地幔组分在成因上与中侏罗世的古太平洋板块俯冲和晚侏罗世至早白垩世的撕裂有关。晚侏罗世钙碱性岩浆作用及其成矿作用是钦—杭带俯冲角和板块折返变化的结果，而早白垩世铜钼花岗岩具有明显的新生期输入，可能与折返过程中的板块撕裂作用相对应，在长江中下游带中沿 E—W 走向发生，导致斑岩和矽卡岩矿床以及埃达克质岩浆作用（Mao et al.，2015）。撕裂部位附近以地壳重熔为主的岩浆在江南地块形成了 S 型花岗岩及相关的钨矿床。

近些年在江南造山带的东段和中段陆续发现了一批大型的钨多金属矿床，且成矿潜力巨大。虎形山钨多金属矿床位于江南造山带西段，是该区近年来首次发现的大型钨金属矿床，从而填补了江南造山带西段无大型钨矿的空白。从上述成矿物质来源研究发现区内地层和岩体均具有较高的钨元素含量，区内发育多个燕山期小岩体，能为钨多金属矿形成提供重要的物质来源和热液来源，结合区域内矿产调查，发现了崔家坳、丁家新屋、袁家山等多个钨矿产地或矿点，圈定了多个成矿预测靶区，表明区内钨金属矿成矿潜力巨大。

第 7 章

地质地球化学找矿模型

7.1　原生晕地球化学找矿预测方法

为了开展矿区地球化学找矿预测，本文系统地分析了矿床(体)微量元素在纵向上、垂向上三维空间分布特征，初步建立元素垂向分带序列，全面研究矿体前缘晕、矿体晕、尾晕特征，结合成矿地质背景，建立了矿床地球化学异常模式。

7.1.1　分析方法及异常下限确定

原生晕的样品采集于钻孔，布样统一按钻孔孔深每 5 m 采集 1 件，在遇到地层、岩性、矿化明显不同的层位分开采取。采样方法为连续捡块法，采样质量在 200 g 以上。本次工作共采集样品 650 件，采样钻孔编号和位置见图 7-1。

样品加工首先在颚式破碎机上粗碎至 1 mm 以下，再缩分为正样和余样，余样弃除，正样大于 80 g，再在棒磨筒上细磨过 200 目(0.074 mm)筛，过筛率大于 95%，送化验室分析化验。测试在湖南有色地质勘查研究院测试中心完成。各元素分析方法见表 7-1。

异常下限值的确定：根据虎形山钨矿床元素组分工业可利用性，分主成矿元素(W、Li、Be)组和伴生元素组两类，分别予以确定。为使主成矿元素异常与矿(化)体或地质体直接联系，并赋予特殊的地质找矿意义，采用"联合指标法"即主成矿元素边界工业品位 1% 作为背景值，最低工业品位 1% 则作为异常下限值。伴生元素所指是间接找矿指示元素，则以常规的计算统计法，按 $T = X + 2S$ 作为异常下限值。由于 W、Li 元素按最低工业品位的 1% 作异常下限仍较低，参照统计计算结果综合确定(表 7-2)。

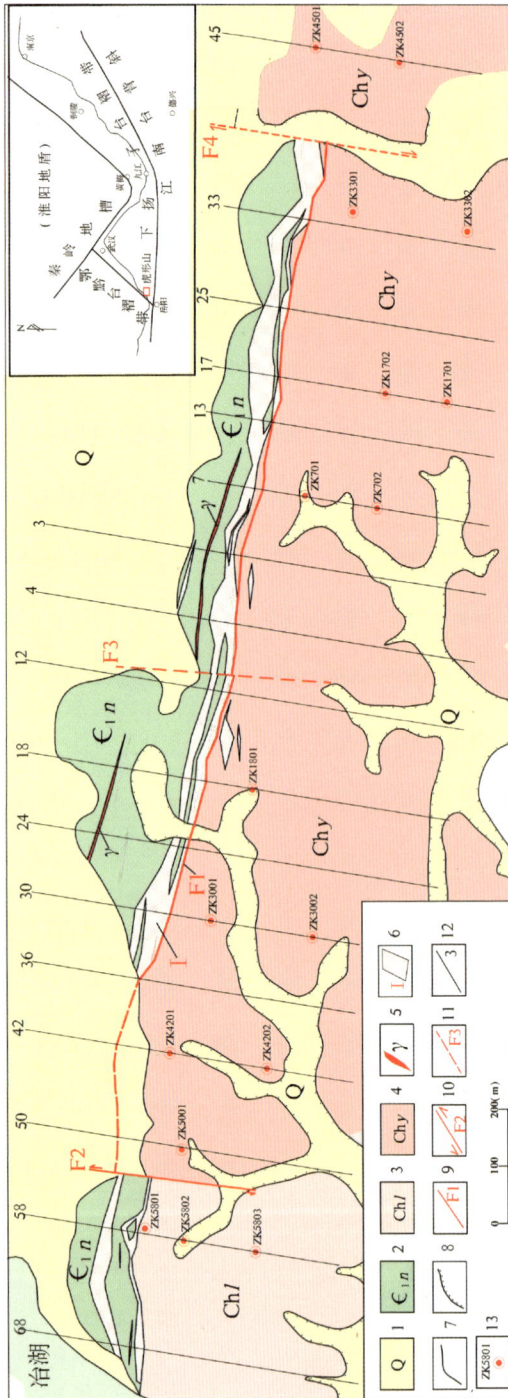

图7-1　虎形山矿区原生晕采样钻孔位置分布图

（据陈飞剑等，2019，修编）

1.第四系；2.寒武系下统牛蹄塘组；3.长城系雷神庙组；4.长城系易家桥组；5.花岗斑岩脉；6.矿体及编号；7.地质界线；8.不整合地质界线；9.断层及编号；10.平移断层；11.推测断层；12.勘探线位置及编号；13.钻孔位置及编号。

表 7-1　地球化学元素分析方法

分析元素	分析方法
W	极谱分析
Li、Be、Cu、Pb、Zn、Co、Ni、Cr、Ag	发射光谱分析
As、Sb、Bi	原子萤光分析
Ag、Mo、Sn	发射光谱分析
Au	原子吸收分析

表 7-2　元素异常下限及浓度带划分　　　　　　　　　单位：mg/g

元素	异常下限值	浓度带划分			备注
		外带	中带	内带	
W	50	50	275	500	综合法
Be	10	10	55	100	按工业指标
Li	150	150	825	1500	综合法
Sn	9	9	18	36	
Bi	4	4	8	16	
Mo	2.7	2.7	5.4	10.8	
Cu	100	100	200	400	
Pb	40	40	80	160	
Zn	130	130	260	520	对数正态法
Ag	1	1	2	4	
Au	3.5	3.5	7	14	
As	145	145	290	580	
Sb	2	2	4	8	

注：Au 含量单位为 ng/g，其余元素含量单位为 mg/g。

7.1.2 原生晕地球化学规律分析

1.元素纵向分布规律

为了解元素在主成矿区间纵向上的分布情况，选取 50 线、42 线、30 线、18 线、7 线、33 线、45 线上的 7 个代表性钻孔，根据钨矿体厚度大小，利用每孔中不同矿体附近原生晕样品中的主成矿元素平均含量变化情况，以 1 号、2 号矿体为例，来探讨不同矿体中元素在纵向上的空间变化规律。各孔中代表样品的元素平均含量见表 7-3。

从表中可看出，1 号矿体中，W 元素在矿区中部的 18 线、中西部的 42 线、中东部的 33 线平均含量较高；Sn、Mo、Bi、Cu、Pb、Zn 等元素在 18 线平均含量较高；Ag、Au、As、Sb 在中东部几条线的平均含量较高；Li 和 Be 则是在西部和东部含量相对较高，在中部含量较低。总体来说，对于 1 号矿体，中部的 18 线中高温元素含量高，向东依次出现 Be-(Li、Ag)-As-(Sb、Au)的元素组合分带，向西则依次出现 Li-Be-(Au、As)的元素组合分带。总体来说呈现出从中心到两侧，中高温到中低温的元素组合分带特征。

2 号矿体中，W 元素在中东部的 18 线、7 线和 33 线含量高，Li、Be、Zn 等元素也在中东部的 7 线附近含量较高。若以 18 线为中心，则向东，依次出现 (Sn、Cu、Au、As、Sb)-Bi、Zn-W、Be、Li-Mo、Ag、Sb、Au 的复杂元素分带；向西，则依次出现(Sn、W、Cu、Au、As、Sb)-(Li、Be)-Mo、Bi、Cu、Pb、Sb-(As、Au)的元素组合分带。可以看出，中心略微向东偏移，但总体仍呈现从中心到两侧，中高温到中低温的元素组合分带特征。

综上，在纵向上，以 18 线为中心向东西两侧，元素组合大体呈现由高温—中高温—低温的变化趋势，表明成矿热液以 18 线为中心向东西两侧迁移成矿。

表 7-3　纵向上钻孔中矿体微量元素平均含量　　单位：mg/g，Au：ng/g

矿体编号	工程编号	样品数量/件	W	Sn	Mo	Bi	Cu	Pb	Zn
1 号矿体	ZK5001	2	829.34	1.20	0.86	3.67	58.04	30.77	141.49
	ZK4201	4	2587.30	4.23	0.23	5.93	14.23	50.14	70.16
	ZK3001	4	368.14	5.50	0.46	6.32	50.69	11.62	118.77
	ZK1801	2	1634.27	30.00	14.85	37.06	2046.23	143.54	333.60
	ZK702	2	924.68	2.95	8.55	17.15	12.03	35.35	102.42
	ZK3301	1	1519.10	4.10	0.39	5.32	15.89	59.40	127.40
	ZK4501	1	121.30	3.50	4.59	9.75	43.14	21.85	104.90

矿体编号	工程编号	样品数量/件	Ag	As	Sb	Li	Be	Au	
1 号矿体	ZK5001	2	0.53	45.90	5.27	335.16	33.60	1.20	
	ZK4201	4	0.09	7.01	3.85	642.00	87.37	0.43	
	ZK3001	4	0.11	18.64	1.65	457.78	17.72	0.51	
	ZK1801	2	0.65	486.80	5.00	474.00	39.37	5.99	
	ZK702	2	0.23	39.38	1.28	373.45	156.71	0.71	
	ZK3301	1	0.96	307.10	7.25	626.80	114.60	1.10	
	ZK4501	1	0.41	570.92	23.56	65.52	12.36	4.39	

矿体编号	工程编号	样品数量/件	W	Sn	Mo	Bi	Cu	Pb	Zn
2 号矿体	ZK4201	3	601.13	4.40	4.03	24.39	323.59	655.58	102.92
	ZK3001	2	451.40	3.00	1.58	3.02	26.62	14.01	107.69
	ZK1801	4	2139.46	13.28	3.18	19.40	278.27	29.58	161.78
	ZK702	1	7053.60	1.50	0.20	17.32	6.56	24.35	250.10
	ZK3301	3	2743.08	17.80	6.21	6.24	7.08	45.43	122.53

矿体编号	工程编号	样品数量/件	Ag	As	Sb	Li	Be	Au	
1 号矿体	ZK4201	3	0.07	74.77	8.75	294.93	103.68	1.25	
	ZK3001	2	0.06	5.28	0.63	332.45	49.59	0.33	
	ZK1801	4	0.21	506.08	9.02	390.90	115.43	4.56	
	ZK702	1	0.07	0.90	0.68	1122.00	730.20	0.64	
	ZK3301	3	1.64	19.33	8.84	748.27	105.90	1.10	

2.元素垂向分布规律

为了解元素在主成矿区间垂向上的分布情况，选取42线、30线、33线、45线4条勘探线，每条勘探线选取2个共8个代表性钻孔，同一线上的2号孔较1号孔控制矿体的深度较深，一般2个孔之间矿体相距（斜距）200~250 m，据此来探讨同一矿体中元素在垂向上的空间变化规律。各孔中代表样品的元素平均含量如表7-4所示。

表7-4 不同线号矿体微量元素平均含量　　　　单位：mg/g，Au：ng/g

工程编号	样数/个	W	Sn	Mo	Bi	Cu	Pb	Zn
ZK4201	10	1457.03	3.50	1.99	13.59	110.73	227.64	78.34
ZK4202	3	449.55	5.73	0.65	1.53	52.61	25.12	81.93
ZK3001	10	385.93	4.48	1.26	3.59	52.68	13.23	97.47
ZK3002	12	664.18	5.97	0.71	7.35	16.02	73.89	88.10
ZK3301	17	1602.94	9.35	26.93	12.39	289.65	33.27	146.25
ZK3302	22	1665.46	7.15	47.49	28.82	149.30	75.61	265.19
ZK4501	2	620.85	3.45	3.09	5.92	48.55	19.32	77.79
ZK4502	11	2740.06	7.74	9.34	10.17	37.40	76.65	105.05
工程编号	样数/个	Ag	As	Sb	Li	Be	Au	
ZK4201	10	0.078	106.50	4.56	421.17	75.51	0.72	
ZK4202	3	0.301	27.01	2.32	146.63	22.26	1.02	
ZK3001	10	0.104	12.87	1.15	300.64	30.85	0.56	
ZK3002	12	1.103	195.22	1.59	334.98	38.09	3.38	
ZK3301	17	1.596	160.92	23.48	446.32	61.80	1.36	
ZK3302	22	0.419	62.30	14.30	469.73	113.86	1.35	
ZK4501	2	0.397	287.84	12.72	227.81	15.43	2.37	
ZK4502	11	1.743	123.13	3.35	370.54	70.12	4.36	

由表 7-4 可见，主成矿元素 W、Mo、Bi、Pb、As、Be、Li 的含量，在垂向上大致叠加出现先减小后增大的规律；同时 Au、Sn、Zn 元素含量，在垂向上大致叠加出现先增大后减小的规律。整体上，反映出工作区主要成矿元素及伴生元素含量，在垂向上呈现贫富不均的现象。

42 线从 1 号到 2 号孔，由浅部到深部，矿体中 W、Mo、Bi、Cu、Pb、As、Sb、Li、Be 等多数元素含量呈现由高到低变化，而 Sn、Zn、Ag、Au 元素含量呈现出由低到高变化，这种变化原因在于 1 号孔控制了矿体的中部，而 2 号孔控制了矿体尾部及无矿地段。30 线、33 线、45 线由 1 号孔到 2 号孔，由浅到深，W、Bi、Pb、Zn、Li、Be、Au 含量增高，Cu、As、Sb 则降低，这主要与 30 线、33 线、45 线钻孔控制矿体的中部或中上部有关。从以上几条线钻孔控制的不同深部的矿体来看，W、Mo、Bi、Cu、Pb、As、Sb、Li、Be 等多数元素趋于在矿体中部富集，而 Sn、Zn、Ag、Au 等趋于在矿体下部或尾部富集。

矿床或矿体往往形成以各自为中心的元素分带，则研究矿床原生晕的分带性，可以确定矿床的成矿指示元素及其分带序列，是进行找矿预测和寻找隐伏盲矿体的一种有效方法(伍宗华和金仰芬，1993；代西武等，2000)。

依据上述 4 条勘探线不同钻孔不同中段的衬值线金属量(表 7-5)、分带指数(表 7-6)，由此得到元素垂向分带(自上而下)序列为：Mo-Sb-Bi-Li-Be-W-Zn-Pb-As-Cu-Sn-Ag-Au。反映的特征为矿体前缘晕及上部晕(B-I-As-Hg-F-Sb)、矿体中部晕(Pb-Ag-Au-Zn-Cu)、矿体下部及尾晕(W-Bi-Mo-Mn-Ni-Gd-Co-V-Ti)，这与李惠等(1999)研究的结果对比有所不同。

Mo、Sb 反映了矿体中上部晕特征，Bi、Li、Be、W 反映了矿体中部晕特征，Zn、Pb、As 反映了矿体中下部晕特征，Sn、Au、Ag 反映了尾晕特征。从上述元素组合晕特征来看，表现为与热液矿床元素分带序列呈相反的特征。因此，我们认为研究区内成矿作用不只一期，应叠加了两次或多次矿化富集作用，从而形成研究区独特的叠加晕的特征。

7.1.3　矿区元素异常解译

矿区 33 勘探线两个钻孔较好地控制了钨矿体(图 7-2)，以此线为例，利用全孔原生晕分析结果，对主成矿元素及伴生元素的异常特征进行分析探讨。本次研究基于元素异常下限值，并考虑控矿地质因素，以有限插入法圈定异常，划分为内(强)、中、外(弱)3 个浓度带，显示异常浓度变化特征。其中，主成矿元素组是以最低工业品位值的 1/10 为内（强）带，中带为下限值加内带值之和的 1/2；伴生元素组按下限值 2 的等比划分。得出 33 线钻孔原生晕剖面图（图 7-3）。

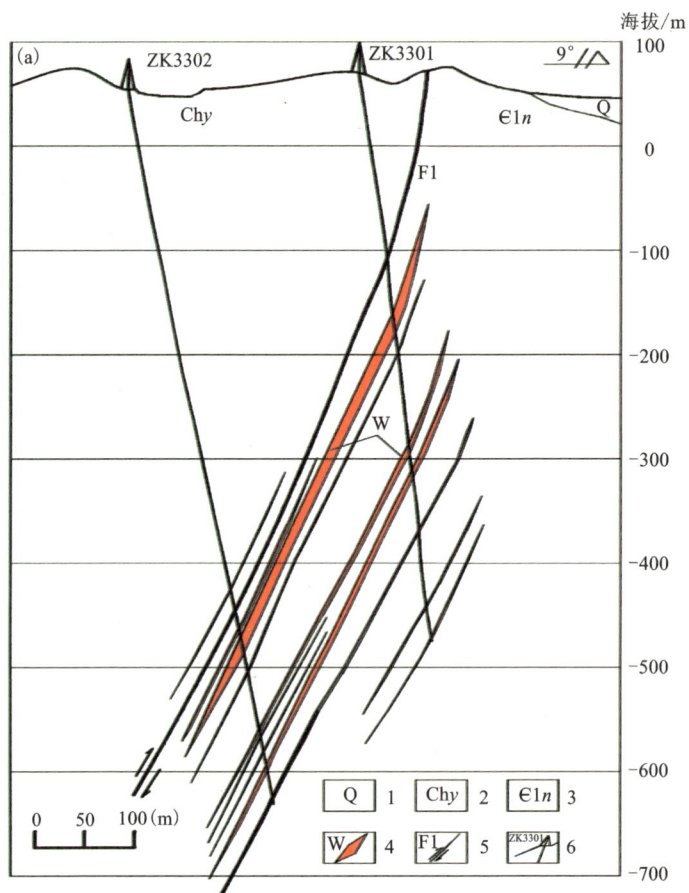

图 7-2　虎形山钨矿床 33 线地质剖面示意图

表 7-5　不同勘探线不同钻孔不同中段各元素村值线金属量表　　　单位：mg/g，Au：ng/g

线号	中段	W	Sn	Mo	Bi	Cu	Pb	Zn	Ag	As	Sb	Be	Li	Au
45线	ZK1	1038.60	0.00	2523.17	324.44	59.69	592.18	19.54	13.00	219.31	1573.25	628.59	189.69	224.03
33线	ZK1	7014.83	209.61	5216.59	3831.93	552.72	176.38	241.17	304.65	1687.08	5117.60	3400.35	923.03	910.20
	ZK2	5050.49	423.00	3187.87	2150.14	419.64	814.26	461.61	5.11	2724.25	2225.10	4392.71	1053.15	942.13
42线	ZK1	5492.04	6.11	92.04	352.49	253.76	401.96	129.59	44.32	348.97	463.84	870.29	331.13	309.87
	ZK2	539.21	124.44	67.24	68.07	140.42	529.26	479.40	59.20	635.03	952.79	392.00	123.64	456.49
58线	ZK2	658.60	1284.80	163.30	328.85	95.43	265.68	67.16	42.68	492.52	709.84	642.71	120.16	726.56
	ZK3	949.90	44.72	79.81	56.10	85.54	153.13	75.02	434.83	469.01	169.93	459.46	106.47	1196.37

表 7-6　不同勘探线不同钻孔不同中段各元素分带指数表

线号	中段	W	Sn	Mo	Bi	Cu	Pb	Zn	Ag	As	Sb	Be	Li	Au
45线	ZK1	0.1402	0.0000	0.3407	0.0438	0.0081	0.0800	0.0026	0.0018	0.0296	0.2124	0.0849	0.0256	0.0303
33线	ZK1	0.2371	0.0071	0.1763	0.1295	0.0187	0.0060	0.0082	0.0103	0.0570	0.1730	0.1149	0.0312	0.0308
	ZK2	0.2118	0.0177	0.1337	0.0902	0.0176	0.0341	0.0194	0.0002	0.1142	0.0933	0.1842	0.0442	0.0395
42线	ZK1	0.6038	0.0007	0.0101	0.0388	0.0279	0.0442	0.0142	0.0049	0.0384	0.0510	0.0957	0.0364	0.0341
	ZK2	0.1181	0.0272	0.0147	0.0149	0.0307	0.1159	0.1050	0.0130	0.1390	0.2086	0.0858	0.0271	0.0999
58线	ZK2	0.1176	0.2295	0.0292	0.0587	0.0170	0.0475	0.0120	0.0076	0.0880	0.1268	0.1148	0.0215	0.1298
	ZK3	0.2219	3.0104	0.0186	0.0131	0.0200	0.0358	0.0175	0.1016	0.1096	0.0397	0.1073	0.0249	0.2795

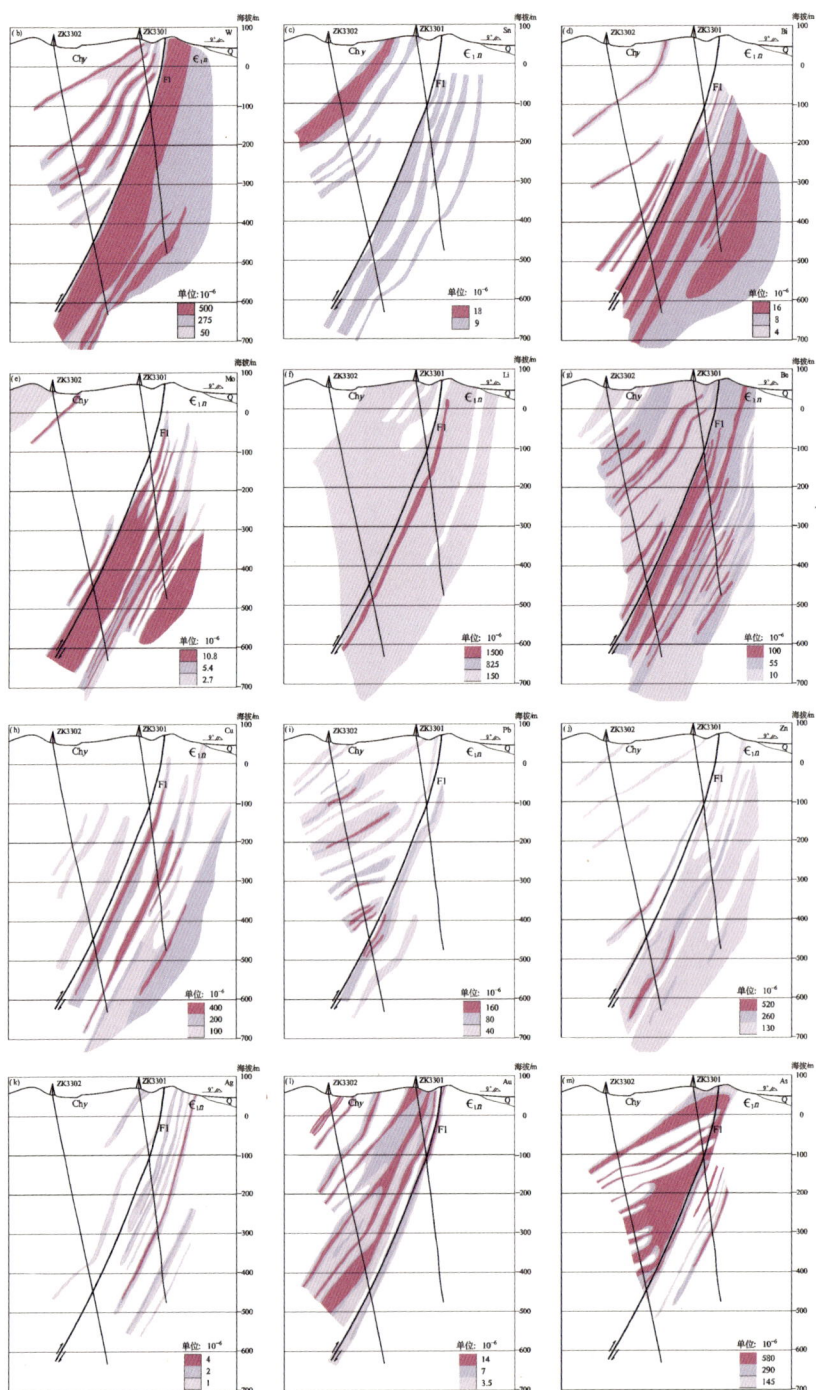

图 7-3　33 线钻孔原生晕剖面图

由图 7-3 分析可得各元素 3 个浓度带异常特征如下。

W：以宽带状沿矿体（带）展布，外带较宽，包含了整个矿带，中内带较窄，紧紧包裹矿体，中内带即反映矿体部位。在矿体上盘出现线状异常，有中内带出现。

Bi：分布与 W 相同。外带较宽，中内带较窄，且紧紧包裹矿体，中内带即反映了矿体所在位置。

Be：沿矿带及上盘呈带状分布，外带较宽，包括了整个矿带及上盘，中带略窄，包括了主要矿体，内带窄，紧紧包裹矿体，一般内带所在位置即为矿体所在位置。

Li：沿矿带及上盘呈带状分布，外带宽，包括了整个矿带及上盘，但中带不发育，仅主矿体上见及，无内带。

Mo：呈窄带状沿矿带展布，外带不发育，中带较发育，基本与外带分布相同，包含了矿体或矿带，内带不发育，仅局部矿体上出现。

Sn：呈线状沿矿体分布，外带较窄，基本包裹矿体，中内带不发育。

Cu：呈条带状沿矿体分布，外带范围包含了矿带范围，中内带范围较窄，基本紧紧包裹矿体。

Pb：呈线状沿矿体分布，外带不发育，基本包含矿体，中带不发育，仅主矿体上有分布。在矿体上盘也出现线状的异常，反映存在上盘晕。

Zn：呈窄带状沿矿带分布，外带较发育，基本包含了矿带的范围，但中内带不发育，仅主矿体上有分布，范围窄。上盘晕不发育。

Ag：呈线状沿矿体分布，范围窄，基本包含了矿体范围，中带不发育，仅局部矿体上出现，无内带出现。

Au：呈条带状在矿体或矿带的上盘分布，出现外中内带异常，但外带不甚发育，中内带较发育，比外带略窄。

As：主要呈带状分布于矿体的上盘，中内带较发育，基本与外带相同。

Sb：呈宽带状沿矿带及上盘展布，中带发育，基本与外带相同，内带也发育，基本包含了矿带的范围，且往下盘未封闭。从异常强度看，似乎下盘晕要比上盘晕发育。

采用与 33 线同样的方法分别对矿区 42 线和 58 线剖面全孔原生晕异常规律进行研究，对主成矿元素及伴生元素的异常特征进行分析探讨，得到异常特征情况如下。

42 线钻孔主要控制矿体的尾晕。从异常特征来看，W 在尾部强度仍较高，出现中内带，且中内带紧裹矿体，但异常往下延伸不远即消失。Be、Li、Bi 与 W 类似，但强度降低，Cu、Pb、Zn 多呈线状分布，往下仍有较大延伸，Au、As、Sb 也呈线状、条带状分布，往下也有较大延伸，Sb 往下有增加趋势。

58 线两个钻孔控制了尾晕。从异常特征来看，W、Be、Li 呈条带状出现在矿体的上盘，外带较宽，中内带较窄，异常往下有较大延伸。Sn、Bi、Mo 也出现在矿体的上盘，出现中内带晕，但延伸不远即尖灭。Cu、Pb、Zn、Sb 呈线状出现在矿体尾部，出现中内带，往下有延伸。Au、As 在矿体尾部出现线状、条带状异常，出现中内带，且往下有较大延伸。Ag 在矿体尾部异常弱，仅出现外带线状异常。

7.2 地球化学找矿模型

虎形山钨矿床为石英、云英岩细脉带型白钨矿床，矿床类型较简单。矿体呈脉状产出，主要受 F1 断裂带及其下盘寒武系牛蹄塘组（$\epsilon_1 n$）地层控制。矿体走向与 F1 断裂带近于平行，圈定钨矿体共计 23 个，其中主矿体 5 个。本区主矿体总体倾向南，倾角在 50°~80°之间，在横剖面上表现为上陡下缓的"S"形。本次研究获得的元素垂向分带序列反映的是一种逆向分带序列，因此，当出现 Au、As 异常为主时，反映是隐伏标志；当出现 Pb、Zn、Sb 异常为主时，反映中浅剥蚀标志；当出现 W、Be、Bi、Li、Sn、Cu、Pb、Zn、Ag 异常，且 W、Be、Bi、Li 异常规模较大，强度较高，出现中内带异常，而 Cu、Pb、Zn、Ag 异常规模较小，出现中外带异常，则意味着矿体剥蚀程度较深；当出现 Mo、Bi 异常，并迭加有 Au、As 异常，且 Au、As 异常规模较大，强度较高，出现中内带，而其他元素范围较窄，强度较低，出现中外带，则深部还存在隐伏矿体。

通过元素纵向分带特征可知，主矿段元素在纵向上大体以 18 线为中心向东、西两侧呈对称分布，表明成矿热液以 18 线为中心向东西两侧迁移成矿。通过元素垂向分带特征可知，成矿元素在深部异常没有封边，除 W、Be 矿化外，Cu、Mo、Bi 矿化增强。

根据上述原生晕地球化学异常特征分析可看出，在矿体上盘中元古代长城系地层中，出现有 Au、As-Pb、Zn-W、Sn、Bi-Li、Be 组合异常，且 33—30—

42—58 线，随着矿体剥蚀程度由浅到深，依次出现 Au、As-Pb、Zn、Sb-W、Sn、Bi-Li、Be 组合异常，即上盘出现低温—中温—高温元素分带，在主矿体中（F1 断层中）则出现 3 个半环状异常，第 1 环即外环为 Au 和 As，第 2 环即中环为 Li、Be、Sb，第 3 环即内环为 W、Sn、Bi、Mo、Cu、Zn、Ag，形成 3 环 1 带结构模型。

　　结合矿体水平方向(纵向)分带特征，总结出虎形山钨矿床地球化学异常综合模式(图 7-4)。

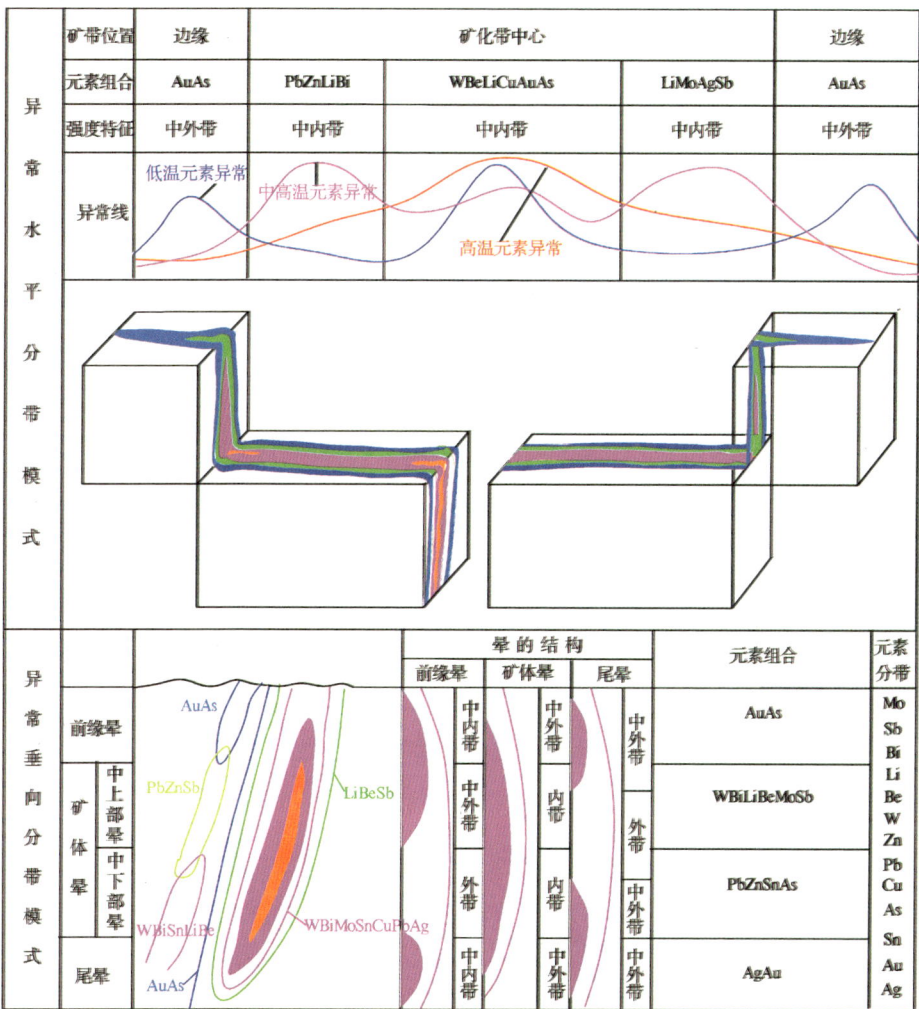

异常水平分带模式

矿带位置	边缘	矿化带中心			边缘
元素组合	AuAs	PbZnLiBi	WBeLiCuAuAs	LiMoAgSb	AuAs
强度特征	中外带	中内带	中内带	中内带	中外带
异常线	低温元素异常	中高温元素异常	高温元素异常		

异常垂向分带模式

		晕的结构			元素组合	元素分带
		前缘晕	矿体晕	尾晕		Mo Sb Bi
前缘晕	AuAs	中内带	中外带	中外带	AuAs	Li
矿体晕	中上部晕 PbZnSb / LiBeSb	中外带	内带	外带	WBiLiBeMoSb	Be W Zn Pb
	中下部晕 WBiSnLiBe / WBiMoSnCuPoAg	外带	内带	中外带	PbZnSnAs	Cu As Sn
尾晕	AuAs	中内带	中外带	中外带	AgAu	Au Ag

图 7-4　虎形山钨矿床地球化学异常综合模式图

7.3　成矿预测

通过对虎形山钨多金属矿区域地质背景、矿床地质特征、成矿作用过程、控矿因素和成矿规律的分析研究,认为虎形山钨多金属矿床的形成与地层、岩浆岩、构造有密切的关系,地层和岩浆岩为成矿提供物质来源,构造为成矿提供运移场所和储矿空间,合适的物化条件是成矿的必要条件。在此基础上,对矿区进行成矿预测对于虎形山及周边地区的地质勘查工作具有十分重要的意义。矿区可以总结出以下找矿标志。

地层标志:虎形山矿区钨多金属矿体主要赋存于寒武系牛蹄塘组($\epsilon_1 n$)碳酸盐岩地层内,长城系冷家溪群易家桥组(Chy)是矿区的次要赋矿层位,上述地层是区内重要的找矿目标层。

构造标志:矿区断层十分发育,F1直接控制着虎形山钨多金属矿床的分布,F2、F3、F4和F5也对区内成矿具有控制作用。F1断裂是虎形山钨多金属矿区重要导矿控矿构造,其下盘牛蹄塘组地层中裂隙发育,便于矿液运移及充填交代成矿。

岩浆岩标志:本次研究工作表明,虎形山隐伏花岗岩为中细粒黑云母花岗岩,其成岩年龄和矿区主成矿年龄基本吻合,深部花岗岩中W质量分数最高达333 g/g,花岗岩是钨矿形成重要的物质来源之一,且矿区主要矿体均分布在岩体外接触带,该区成矿与岩浆岩密切相关。

围岩蚀变标志:矿区内云英岩化强或云英岩细脉发育地段,钨铍矿化明显富集,云英岩化与矿化关系密切,是矿区重要的找矿标志。滑石化透辉石透闪石化灰岩中,多见有钨铍矿化,当同时出现萤石化时,则矿化明显增强,并见有黄铜矿、辉钼矿、闪锌矿等金属硫化物。滑石化、透辉石透闪石化与萤石化的联合蚀变,是矿区的重要找矿标志。石榴子石绿帘石符山石矽卡岩化或石榴子石透辉石、透闪石矽卡岩化灰岩或矽卡岩中,多见白钨矿化及铜、钼矿化,因此,这类矽卡岩化也是矿区重要找矿标志之一。

化探异常标志:区内地球化学显示W、Be、Li元素含量高,地球化学异常部位预示有矿体存在,Cu、Mo、Au或Pb、Zn、Ag元素组合异常,有可能反映深部有岩体存在,化探异常具有较好的找矿指导意义。

在综合研究基础之上,在虎形山矿区内共圈定了预测区4处(图7-5),其中Ⅰ级成矿预测区2处(1号预测区、2号预测区),Ⅱ级成矿预测区2处(3号预测区、4号预测区)。

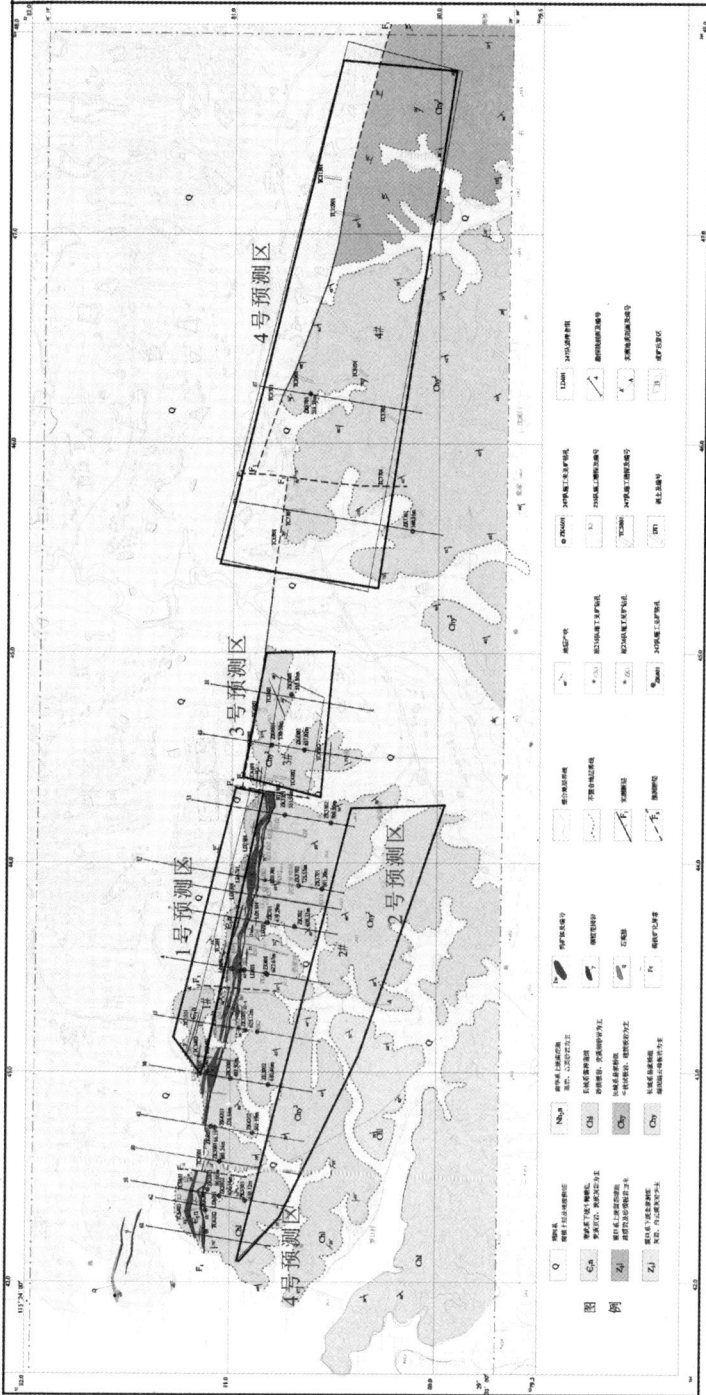

图 7-5　虎形山矿区预测靶区

各成矿预测区具体描述如下。

(1)1 号预测区。该预测区处于 F1 断层北部,主要依据有:该区位于矿区主要含矿断层 F1 北侧,浅部地层为中元古代长城系冷家溪群易家桥组,为矿区次要含矿层位,其下与寒武系牛蹄塘组地层呈不整合接触,寒武系牛蹄塘组为矿区主要含矿层位;该区地表发育有褐铁矿化、钨华,钻孔中 W、Be、Li 元素含量高;局部有花岗岩脉发育,已有钻孔揭露该地层中普遍发育云英岩细脉型钨矿。

(2)2 号预测区。该预测区处于 F1 断层南部,主要依据有:矿区主矿体及 F1 断层具有向南东侧伏的现象,且以往钻探均未打穿含矿层位,F1 断层下盘矿体倾向上未封边;矿区存在 W、Sn、Bi、Cu、Pb、Zn、Be、Au 元素组合异常,涵盖了低温—高温成矿元素,且在地表以 18 线为中心向两侧逐渐由高温向低温元素异常过渡,具有岩浆热液成矿系列特征;矿体与 F1 断层具有南东侧伏规律,ZK3304 在孔深 1324 m 部位揭露隐伏花岗岩体,隐伏岩体外接触带发育有辉钼矿化、黄铜矿化等围岩蚀变,局部发育有矽卡岩。

(3)3 号预测区。该预测区处于矿区 F4 断层以东,主要依据有:F1 断层在东部被 F4 错断,该断层在地表表现为向北平移,F4 为正断层,因断层平面效应,F4 上盘下降导致在同一高程上 F1 往北平移的错觉,推测东部找矿预测区为 F1 实际所在位置;该区寒武系牛蹄塘组($\mathcal{C}_1 n$)发育,该层位为矿区主要含矿层位;该区地表普遍发育有 W、Be、Li 元素异常。

(4)4 号预测区。预测区位于矿区东侧,主要依据有:其地层、构造、岩浆岩等地质条件与虎形山钨多金属矿区相似,F1 断层延伸进入本区。在该区地表 Au 异常明显,且强度较高,总体呈东西向展布,该预测区具有找寻破碎带型金矿及云英岩型钨铍矿的潜力。

7.4 验证效果及建议

虎形山钨矿所圈定的找矿预测区地形起伏较小,露头良好,在地表已施工有探槽和个别钻孔,见矿效果良好,预测 1 号预测区主矿体隐伏于标高 -50 m 左右地层中,2 号预测区主矿体赋存于 -200 m 标高以下地层中。

基于矿体的形态、产状和埋深情况,建议在 1 号预测区布置浅孔,找寻云英岩细脉型钨矿；2 号预测区通过深孔，全面了解主要赋矿层位寒武系牛蹄塘组含矿性，揭露深部矿体情况，进一步揭露隐伏岩体形态，探索隐伏岩体外接触带，特别是隐伏岩体和寒武系牛蹄塘组地层接触部位的含矿情况；3 号预测区以验证 F1 断层往东部延伸的推断和矿体在东部埋深变化情况为主；在 4 号预测区开展蚀变破碎带型金矿和云英岩型钨铍矿的找矿工作，重点揭露化探异常和 F1 断层特征。

第8章

结 论

　　本书在充分收集和整理区域及矿区与钨矿相关的地质勘查资料以及文献资料的基础上，开展了详细的野外地质调查研究、室内测试鉴定和综合研究工作，得到以下结论。

　　(1)根据野外矿体特征、矿体交叉关系及矿物、岩相学特征，将矿区成矿作用划分为3个成矿期，依次为矽卡岩期、热液硫化物期和表生作用期。其中热液硫化物为主成矿期，可分为4个成矿阶段：石英粗脉阶段(Ⅰ)、云英岩—钨矿阶段(Ⅱ)、云英岩脉(石英脉)—钨金属阶段(Ⅲ)和石英-萤石脉黄铁矿阶段(Ⅳ)。

　　(2)虎形山矿床隐伏花岗岩锆石 U-Pb 年龄为(137.8±0.5) Ma，与钨矿石石英颗粒中流体包裹体 Rb-Sr 等时线年龄(134±2) Ma 一致。这两个年龄的一致性有力地表明，虎形山钨矿化与花岗岩的侵位有关。虎形山钨金属矿床成矿作用属于燕山期大规模岩浆活动成矿事件的产物。

　　(3)虎形山矿区花岗岩锆石 Hf 同位素和 Sr-Nd 同位素研究表明，矿区内花岗岩源自壳源成因。全岩主量元素分析表明 $w(K_2O+Na_2O)/w(CaO)$ 比率较低，A/CNK 比值高于 1.1，浓度非常低的 $w(P_2O_5)<0.1\%$，$w(P_2O_5)$ 随 SiO_2 的增加而增加，这些特征表明矿区花岗岩为 S 型花岗岩。花岗岩全岩稀土元素(REE)含量相对较低，为 59~131 mg/g，具有强烈的负 Eu 异常，$w(Eu)/w(Eu*)$ 值为 0.35~0.61，Rb、U 和 Pb 显著富集，但重稀土、Ti 和 P 强烈亏损的特征，元素地球化学特征表明矿区花岗岩为经历了较高分异程度的 S 型花岗岩。

　　(4)虎形山矿区新元古界冷家溪群地层中 Cu、Pb、Zn、Sn、W、As 等成矿元素丰度高，且 W 元素质量分数达 5.62~1246 mg/g，最高为平均地壳 W 元素(1.0 mg/g)质量分数的上千倍，花岗岩中钨元素质量分数达到 83.3~333 mg/g，两者为虎形山钨矿的形成提供了潜在的成矿物质来源。

（5）主成矿Ⅱ阶段流体温度变化范围为167~302℃，Ⅲ阶段流体温度变化范围为191~365℃。均一温度代表成矿流体温度下限值，从而反映出主成矿阶段钨金属成矿阶段成矿流体温度较高，表明主成矿Ⅱ、Ⅲ阶段钨多金属成矿流体为中高温流体。Ⅱ阶段盐度变化范围为4.55%~7.96%，Ⅲ阶段盐度变化范围为2.47%~5.62%，总体表现为低盐度的特征；Ⅳ阶段流体温度变化范围为155~240℃，总体表现为中温特征，盐度变化范围为3.53%~16.1%，表现为低到中等温度特征。从主成矿阶段温度演化特征反映出成矿流体温度逐渐降低，盐度的演化升高暗示成矿流体演化到成矿晚期阶段可能存在地层中流体与成矿流体发生了混合作用。

（6）通过对虎形山钨矿床地质特征、成矿阶段特征、成岩成矿年代学和同位素分析、流体包裹体温度—盐度综合研究，归纳总结了矿床成因及成矿作用。矿区钨多金属矿成矿作用与矿区深部隐伏花岗岩侵位活动密切相关，岩浆活动为钨成矿提供了物质来源和成矿热液，岩浆高分异演化过程中钨元素逐渐富集，钨以络合物形式在岩浆热液中迁移沉淀成矿。同时，地层中钨元素在岩浆热液作用下不断活化、萃取，最终沿构造断裂带（F1）迁移富集。当成矿热液流体在断裂破碎带有利的成矿空间不断富集，流体演化为中高温和低盐度条件时，钨络合物分解，造成钨矿的沉淀成矿作用。在分析矿区控矿因素及构造—岩浆演化对成矿的制约基础上，建立了矿区钨多金属矿成矿模式。

（7）虎形山钨多金属矿床是江南造山带西段新发现的大型钨—铍矿床，前人研究表明江南造山带东段和中段分布一批重要的钨多金属矿床，是华南地区重要的钨金属成矿带。而虎形山钨—铍矿床的发现拓展了江南造山带钨多金属矿成矿空间新认识，上述研究表明地层和岩体均具有较高的钨元素含量，区内发育多个燕山期小岩体，能为钨多金属矿形成提供重要的物质来源和热液来源，结合区域内矿产调查，发现了袁家山等多个钨矿产地，圈定了多个成矿预测靶区，提出了江南造山带西段同样具备钨多金属成矿巨大潜力的观点。

（8）在分析了矿区成矿规律基础上，应用原生晕地球化学找矿预测方法对虎形山矿区进行成矿预测。研究发现随着矿体剥蚀程度由浅到深，依次出现Au、As-Pb、Zn、Sb-W、Sn、Bi-Li、Be组合异常特征。即上盘出现低温—中温—高温元素分带，在主矿体中（F1断层中）则出现3个半环状异常，第1环即外环为Au和As，第2环即中环为Li、Be、Sb，第3环即内环为W、Sn、Bi、Mo、

Cu、Zn、Ag，形成3环1带结构模型。由此构建了地球化学找矿异常模型，圈定了4个找矿预测区，为区内钨金属矿找矿勘查提供了新的思路和方向。

参考文献

[1] Breiter K, Lamarão C N, Borges R M K, et al. 2014. Chemical characteristics of zircon from A-type granites and comparison to zircon of S-type granites[J]. Lithos, 192/193/194/195: 208-225.

[2] Brown P E, Lamb W M. 1989. P-V-T properties of fluids in the system H_2O-CO_2-NaCl: new graphical presentations and implications for fluid inclusion studies[J]. Geochim Cosmochim Acta, 53(6): 1209-1221.

[3] Brown P E. 1989. Flincor: a microcomputer program for the reduction and investigation of fluid-inclusion data[J]. American Mineralogist, 74(11/12): 1390-1393.

[4] Brown T and Pitfield P. 2014. Critical metals handbook[A]. In: Gunn G, ed. Tungsten [C]. New York: John Wiley and Sons, 397-425.

[5] Candela P A, Bouton S L. 1990. The influence of oxygen fugacity on tungsten and molybdenum partitioning between silicate melts and ilmenite [J]. Economic Geology, 85 (3): 633-640.

[6] Chappell B W, Bryant C J, Wyborn D. 2012. Peraluminous I-type granites[J]. Lithos, 153: 142-153.

[7] Chappell B W, White A J R. 1974. Two contrasting granite types[J]. Pacific Geol, 8: 173-174.

[8] Chen J F, Jahn B M. 1998. Crustal evolution of southeastern China: Nd and Sr isotopic evidence[J]. Tectonophysics, 284(1/2): 101-133.

[9] Chu N C, Taylor R N, Chavagnac V, et al. 2002. Hf isotope ratio analysis using multi-collector inductively coupled plasma mass spectrometry: an evaluation of isobaric interference corrections [J]. Journal of Analytical Atomic Spectrometry, 17 (12): 1567-1574.

[10] Chu Y, Faure M, Lin W, et al. 2012. Early Mesozoic tectonics of the South China block: insights from the Xuefengshan intracontinental orogen[J]. Journal of Asian Earth Sciences, 61: 199-220.

［11］ Ertel W H, O′Neill H S C, Dingwell D B, et al. 1996. Solubility of tungsten in a haplobasaltic melt as a function of temperature and oxygen fugacity［J］. Geochimica et Cosmochimica Acta, 60(7)：1171-1180.

［12］ Fogliata A S, Bǎez M A, Hagemann S G, et al. 2012. Post-orogenic, carboniferous granite-hosted Sn-W mineralization in the sierras pampeanas orogen, northwestern Argentina［J］. Ore Geology Reviews, 45：16-32.

［13］ GomesM E P, Neiva A M R. 2002. Petrogenesis of tin-bearing granites from Ervedosa, northern Portugal：The importance of magmatic processes［J］. Geochemistry, 62(1)：47-72.

［14］ Guo C L, Chen Y C, Zeng Z L, et al. 2012. Petrogenesis of the Xihuashan granites in southeastern China：Constraints from geochemistry and in-situ analyses of zircon U-Pb-Hf-O isotopes［J］. Lithos, 148：209-227.

［15］ Haggerty S E. 1976. Opaque mineral oxides in terrestrial igneous rocks［J］. Oxide Minerals, 3：101-301.

［16］ Hosking K F G. 1963. Geology, mineralogy and paragenesis of the mount pleasant tin deposits［J］. Precambrian, 3：20-29.

［17］ Hu R Z, Zhou M F. 2012. Multiple Mesozoic mineralization events in South China：an introduction to the thematic issue［J］. Mineralium Deposita, 47：579-588.

［18］ Huang L C, Jiang S Y. 2014. Highly fractionated S-type granites from the giant Dahutang tungsten deposit in Jiangnan Orogen, Southeast China：geochronology, petrogenesis and their relationship with W-mineralization［J］. Lithos, 202/203：207-226.

［19］ Ishihara S. 1977. The magnetite-series and ilmenite-series granitic rocks［J］. Mining Geology, 27(145)：293-305.

［20］ Jiang G Q, Shi X Y, Zhang S H, et al. 2011. Stratigraphy and paleogeography of the Ediacaran Doushantuo Formation (Ca. 635-551 Ma) in South China［J］. Gondwana Research, 19(4)：831-849.

［21］ Kempe U, Wolf D. 2006. Anomalously high Sc contents in ore minerals from Sn-W deposits：Possible economic significance and genetic implications［J］. Ore Geology Reviews, 28(1)：103-122.

［22］ Kinny P D. 2003 Lu-Hf and Sm-Nd isotope systems in zircon［J］. Reviews in Mineralogy and Geochemistry, 53(1)：327-341.

［23］ Knesel K M, Davidson J P. 2003. Insights into collisional magmatism from isotopic fingerprints of melting reactions［J］. Science, 296(5576)：2206-2208.

[24] Kovalenko V I, Kovalenko N I. 1984. Problems of the origin, ore-bearing and evolution of rare-metal granitoids[J]. Physics of the Earth and Planetary Interiors, 35(1/2/3): 51-62.

[25] Kwak T A P, White A J R. 1982. Contrasting W-Mo-Cu and W-Sn-F skarn types and related granitoids[J]. Mining Geology, 32: 339-351.

[26] Lehmann B. 1987. Tin granites, geochemical, heritage, magmatic differentiation[J]. Geologische Rundschau, 76(1): 177-185.

[27] Li B, Jiang S Y. 2014. Geochronology and geochemistry of Cretaceous Nanshanping alkaline rocks from the Zijinshan district in Fujian Province, South China: Implications for crust-mantle interaction and lithospheric extension[J]. Journal of Asian Earth Sciences, 93: 253-274.

[28] Li B, Jiang S Y. 2015. A subduction-related metasomatically enriched mantle origin for the Luoboling and Zhongliao Cretaceous granitoids from South China: Implications for magma evolution and Cu-Mo mineralization[J]. International Geology Review, 57(9/10): 1239-1266.

[29] Li J, Huang X L, Wei G J, et al. 2018. Lithium isotope fractionation during magmatic differentiation and hydrothermal processes in rare-metal granites[J]. Geochimica et Cosmochimica Acta, 240: 64-79.

[30] Li X H, Li W X, Li Z X, et al. 2009. Amalgamation between the Yangtze and Cathaysia Blocks in South China: constraints from SHRIMP U-Pb zircon ages, geochemistry and Nd-Hf isotopes of the Shuangxiwu volcanic rocks[J]. Precambrian Research, 174(1/2): 117-128.

[31] Li Z X, Bogdanova S V, Collins A S, et al. 2008. Assembly, configuration, and break-up history of Rodinia: A synthesis[J]. Precambrian Research, 160(1/2): 179-210.

[32] Li Z, Qiu J S, Yang X M. 2014. A review of the geochronology and geochemistry of Late Yanshanian(Cretaceous) plutons along the Fujian coastal area of southeastern China: implications for magma evolution related to slab break-off and rollback in the Cretaceous[J]. Earth-Science Reviews, 128: 232-248.

[33] Ling M X, Wang F Y, Ding X, et al. 2009. Cretaceous ridge subduction along the lower Yangtze River belt, eastern China[J]. Economic Geology, 104(2): 303-321.

[34] Liu Q Q, Li B, Shao Y J, et al. 2017. Molybdenum mineralization related to the Yangtze's lower crust and differentiation in the Dabie Orogen: Evidence from the geochemical features of the Yaochong porphyry Mo deposit[J]. Lithos, 282/283: 111-127.

［35］ Liu Y S, Hu Z C, Zong Z Q, et al. 2010. Reappraisement and refinement of zircon U－Pb isotope and trace element analyses by LA－ICP－MS［J］. China Science Bulletin, 55(15): 1535－1546.

［36］ Mao J W, Cheng Y B, Chen M H, et al. 2013a. Major types and time－space distribution of Mesozoic ore deposits in South China and their geodynamic settings［J］. Mineralium Deposita, 48(3): 267－294.

［37］ Mao J W, Xiong B K, Liu J, et al. 2017. Molybdenite Re/Os dating, zircon U－Pb age and geochemistry of granitoids in the Yangchuling porphyry W－Mo deposit(Jiangnan tungsten ore belt), China: Implications for petrogenesis, mineralization and geodynamic setting ［J］. Lithos, 286: 35－52.

［38］ Mao Z H, Cheng Y B, Liu J, et al. 2013b. Geology and molybdenite Re－Os age of the Dahutang granite－related veinlets－disseminated tungsten ore field in the Jiangxin Province ［J］. Ore Geology Reviews, 53: 422－433.

［39］ Mao Z H, Liu J J, Mao J W, et al. 2015. Geochronology and geochemistry of granitoids related to the giant Dahutang tungsten deposit, middle Yangtze River region, China: implications for petrogenesis, geodynamic setting, and mineralization［J］. Gondwana Res,, 28(2): 816－836.

［40］ Maulana A, Watanabe K, Imai A, et al. 2013. Origin of magnetite－ and ilmenite－series granitic rocks in Sulawesi, Indonesia: magma genesis and regional metallogenic constraint ［J］. Procedia Earth and Planetary Science, 6: 50－57.

［41］ Meinert L D. 1992. Skarns and skarn deposits［J］. Geoscience Canada, 19(4): 145－162.

［42］ Neiva A M R. 1984. Geochemistry of tin－bearing granitic rocks［J］. Chemical Geology, 43(3/4): 241－256.

［43］ Neiva A M R. 2002. Portuguese granites associated with Sn－W and Au mineralizations ［J］. Bulletin Geological Society of Finland, 74(1/2): 79－101.

［44］ Pan X F, Hou Z Q, Li Y, et al. 2017. Dating the giant Zhuxi W－Cu deposit(Taqian－Fuchun Ore Belt) in South China using molybdenite Re－Os and muscovite Ar－Ar system ［J］. Ore Geology Reviews, 86: 719－733.

［45］ Raimbault L, Cuney M, Azencott C, et al. 1995. Geochemical evidence for a multistage magmatic genesis of Ta－Sn－Li mineralization in the granite at Beauvoir, French Massif Central［J］. Economic Geology, 90: 548－576.

［46］ Romer R L, Kroner U. 2016. Phanerozoic tin and tungsten mineralization—tectonic controls on the distribution of enriched protoliths and heat sources for crustal melting[J]. Gondwana Research, 31: 60-95.

[47] Sheng J F, Liu L J, Wang D H, et al. 2015. A preliminary review of metallogenicregularity of tungsten deposits in China[J]. Acta Geologica Sinica (English Edition), 89(4): 1359-1374.

[48] Shu L S. 2012. An analysis of principal features of tectonic evolution in South China Block [J]. Geological Bulletin of China, 31(7): 1035-1053.

[49] Song S W, Mao J W, Xie G Q, et al. 2019. In situ LA-ICP-MS U-Pb geochronology and trace element analysis of hydrothermal titanite from the giant Zhuxi W(Cu) skarn deposit, South China[J]. Mineralium Deposita, 54(4): 569-590.

[50] Srivastava P K, Sinha A K. 1997. Geochemical characterization of tungsten-bearing granites from Rajasthan, India[J]. Journal of Geochemical Exploration, 60(2): 173-184.

[51] Su H M, Jiang S Y. 2017. A comparison study of tungsten – bearing granite and related mineralization in the northern Jiangxi-southern Anhui provinces and southern Jiangxi Province in South China[J]. Science China Earth Sciences, 60(11): 1942-1958.

[52] Wang J Q, Shu L S, Santosh M. 2017. U-Pb and Lu-Hf isotopes of detrital zircon grains from Neoproterozoic sedimentary rocks in the central Jiangnan Orogen, South China: Implications for Precambrian crustal evolution[J]. Precambrian Research, 294: 175-188.

[53] Wang Y J, Fan W M, Zhang G W, et al. 2013. Phanerozoic tectonics of the South China Block: key observations and controversies[J]. Gondwana Research, 23(4): 1273-1305.

[54] Wu F Y, Li X H, Yang J H, et al. 2007. Discussions on the petrogenesis of granites [J]. Acta Petrologica Sinica, 23(6): 1217-1238.

[55] Xu D R, Zou F H, Ning J T, et al. 2017. Discussion on geological and structural characteristics and associated metallogeny in northeastern Hunan Province, South China [J]. Acta Petrologica Sinica, 33(3): 695-715.

[56] Xu J W, Lai J Q, Li B, et al. 2020. Tungsten mineralization during slab subduction: A case study from the Huxingshan deposit in northeastern Hunan Province, South China[J]. Ore Geology Reviews, 124(9): 103657.

[57] Yao J L, Shu L S, Santosh M, et al. 2012. Precambrian crustal evolution of the South China Block and its relation to supercontinent history: Constraints from U-Pb ages, Lu-Hf isotopes and REE geochemistry of zircons from sandstones and granodiorite[J]. Precambrian Research, 208/209/210/211: 19-48.

[58] Yuan S D, Williams-Jones A E, Romer R L, et al. 2019. Protolith-related thermal

controls on the decoupling of Sn and W in Sn−W metallogenic provinces: insights from the nanling region, China[J]. Economic Geology, 114(5): 1005−1012.

[59] Zhai W, Sun X M, Wu Y S, et al. 2012. He−Ar isotope geochemistry of the Yaoling −Meiziwo tungsten deposit, North Guangdong Province: Constraints on Yanshanian crust−mantle interaction and metallogenesis in SE China[J]. Chinese Science Bulletin, 57(10): 1150−1159.

[60] Zhang L P, Zhang R, Hu Y B, et al. 2017. The formation of the Late Cretaceous Xishan Sn−W deposit, South China: Geochronological and geochemical perspectives[J]. Lithos, 290/291: 253−268.

[61] Zhang R Q, Lu J J, Lehmann B, et al. 2017. Combined zircon and cassiterite U−Pb dating of the Piaotang granite−related tungsten−tin deposit, southern Jiangxi tungsten district, China[J]. Ore Geology Reviews, 82: 268−284.

[62] Zhang R Q, Lu J J, Wang R C, et al. 2015. Constraints of in situ zircon and cassiterite U− Pb, molybdenite Re − Os and muscovite ^{40}Ar −^{39}Ar ages on multiple generations of granitic magmatism and related W−Sn mineralization in the Wangxianling area, Nanling Range, South China[J]. Ore Geology Reviews, 65: 1021−1042.

[63] Zhang, Y, Yang J H, Chen J Y, et al. 2017. Petrogenesis of Jurassic tungsten−bearing granites in the Nanling Range, South China: Evidence from whole−rock geochemistry and zircon U−Pb and Hf-O isotopes[J]. Lithos, 278/279/280/281: 166−180.

[64] Zhao G C. 2015. Jiangnan Orogen in South China: developing from divergent double subduction[J]. Gondwana Research, 27(3): 1173−1180.

[65] Zhao K D, Jiang S Y, Jiang Y H, et al. 2005. Mineral chemistry of the Qitianling granitoid and the Furong tin ore deposit in Hunan Province, South China implication for the genesis of granite and related tin mineralization [J]. European Journal of Mineralogy, 17 (4): 635−648.

[66] Zhao W W, Zhou M F, Li Y H M, et al. 2017. Genetic types, mineralization styles, and geodynamic settings of Mesozoic tungsten deposits in South China[J]. Journal of Asian Earth Sciences, 137: 109−140.

[67] Zhou X M, Li W X. 2000. Origin of Late Mesozoic igneous rocks in Southeastern China: implications for lithosphere subduction and underplating of mafic magmas [J]. Tectonophysics, 326(3/4): 269−287.

[68] Zhou X M, Sun T, Shen W Z, et al. 2006. Petrogenesis of Mesozoic granitoids and volcanic rocks in South China: a response to tectonic evolution[J]. Episodes, 29(1): 26−33.

[69] 鲍正襄，万溶江，包觉敏.2001.湘西前寒武纪白钨矿床成矿特征及控矿因素[J].江西地质,(1):39-44.

[70] 蔡改贫，吴叶彬，陈少平.2009.世界钨矿资源浅析[J].世界有色金属,(4):62-65.

[71] 蔡明海，韩凤彬，何龙清，等.2008.湘南新田岭白钨矿床He,Ar同位素特征及Rb-Sr测年[J].地球学报,29(2):167-173.

[72] 陈飞剑，吴宏宇，柳智，等.2019.南省临湘市虎形山矿区钨矿详查报告[R].湖南省有色地质勘查局二四七队:12-14.

[73] 陈国华.2014.江西景德镇朱溪钨铜多金属矿床地质特征与控矿条件研究[D].南京大学.

[74] 陈骏，陆建军，陈卫锋，等.2008.南岭地区钨锡铌钽花岗岩及其成矿作用[J].高校地质学报,14(4):459-473.

[75] 陈毓川，裴荣富，王登红，等.2020.论地球系统四维成矿及矿床学研究趋向——七论矿床的成矿系列[J].矿床地质,39(5):745-753.

[76] 陈毓川，王登红.2013.全国重要矿产和区域成矿规律研究成果报告[R].中国地质科学院矿产资源研究所:1-32.

[77] 程裕淇，陈毓川，赵一鸣.1979.初论矿床的成矿系列问题[J].中国地质科学院院报,32-58.

[78] 崔中良，郭钢阳，赵剑星，等.2019.中国钨矿床研究现状及进展[J].地质资源与勘查,42(1):27-36.

[79] 代西武，杨建民，张成玉，等.2000.利用矿床原生晕进行深部隐伏矿体预测-以山东埠上金矿为例[J].矿床地质,19(3):245-256.

[80] 杜玉雕，余心起，周翔，等.2011.皖南东源钨钼矿床西源和江家矿段硫、铅同位素组成及成矿物质来源研究[J].现代地质,25(5):861-868.

[81] 樊献科.2019.江西大湖塘超大型钨多金属矿田成矿机制研究[D].中国地质科学院.

[82] 丰成友，张德全，项新葵，等.2012.赣西北大湖塘钨矿床辉钼矿Re-Os同位素定年及其意义[J].岩石学报,28(12):3858-3868.

[83] 巩小栋.2015.江西大湖塘钨多金属矿田成矿流体演化及成因机制研究[D].中国地质大学(北京).

[84] 官容生.1993.滇东南地区各主要花岗岩体基本特征及相互关系[J].云南地质,12(4):373-382.

[85] 华仁民，陈培荣，张文兰，等.2003.华南中、新生代与花岗岩类有关的成矿系统[J].中国科学:地球科学,33(4):335-343.

[86] 华仁民，李光来，张文兰，等.2010.华南钨和锡大规模成矿作用的差异及其原因初探[J].矿床地质,29(1):9-23.

[87] 华仁民. 2005. 南岭中生代陆壳重熔型花岗岩类成岩-成矿的时间差及其地质意义[J]. 地质论评, 51(6): 633-639.

[88] 贾大成, 胡瑞忠, 赵军红, 等. 2003. 湘东北中生代望湘花岗岩体岩石地球化学特征及其构造环境[J]. 地质学报, 77(1): 98-103.

[89] 蒋少涌, 赵葵东, 姜耀辉, 等. 2008. 十杭带湘南-桂北段中生代A型花岗岩带成岩成矿特征及成因讨论[J]. 高校地质学报, 14(4): 496-509.

[90] 解文敏, 陈云华. 2015. 湖南省临湘市虎形山钨铍多金属矿床地球化学特征及成矿指示意义[J]. 国土资源导刊, 12(4): 22-29.

[91] 康永孚, 李崇佑. 1991. 中国钨矿床地质特征、类型及其分布[J]. 矿床地质, 10(1): 16-26.

[92] 李洪茂, 时友东, 刘忠, 等. 2006. 东昆仑山若羌地区白干湖钨锡矿床地质特征及成因[J]. 地质通报, 25(S1): 277-281.

[93] 李惠, 张文华, 刘宝林, 等. 1999. 中国主要类型金矿床的原生晕轴向分带序列研究及其应用准则[J]. 地质与勘探, 35(1): 32-35.

[94] 李佳黛, 李晓峰. 2020. 矽卡岩型钨矿床成矿作用研究进展[J]. 矿床地质, 39(2): 256-272.

[95] 李俊萌. 2009. 中国钨矿资源浅析[J]. 中国钨业, 24(6): 9-13.

[96] 李鹏春, 许德如, 陈广浩, 等. 2005. 湘东北金井地区花岗岩成因及地球动力学暗示: 岩石学、地球化学和Sr-Nd同位素制约[J]. 岩石学报, 21(3): 921-934.

[97] 李水如, 魏俊浩, 邓军, 等. 2007. 广西大明山矿集区钨多金属矿床类型及控矿因素与找矿标志[J]. 中国钨业, 22(6): 19-24.

[98] 李小伟, 黄雄飞, 黄丹峰. 2011. 花岗岩中常用压力计的应用评述[J]. 高校地质学报, 17(3): 415-422.

[99] 林运淮. 1982. 白钨矿矿床类型及其地质特征[J]. 地质与勘探, 18(6): 13-21.

[100] 刘利生, 唐朝永, 张强录, 等. 2011. 湖南省临湘市虎形山矿区钨矿普查报告[R]. 湖南省有色地质勘查局二四七队: 123-147.

[101] 刘烨, 赖健清, 徐军伟, 等. 2019. 湖南临湘虎形山矿区蚀变地球化学过程研究[J]. 地质找矿论丛, 34(2): 187-195.

[102] 刘英俊, 马东升. 1987. 钨的地球化学[M]. 北京:科学出版社, 1-220.

[103] 刘玉平, 李朝阳, 谷团, 等. 2000. 都龙锡锌多金属矿床成矿物质来源的同位素示踪[J]. 地质地球化学, 28(4): 75-82.

[104] 马东升. 2009. 钨的地球化学研究进展[J]. 高校地质学报, 15(1): 19-34.

[105] 毛景文, 李红艳, Guy B, 等. 1996. 湖南柿竹园矽卡岩-云英岩型W-Sn-Mo-Bi矿床地质和成矿作用[J]. 矿床地质, 15(1): 1-15.

[106] 毛景文,谢桂青,郭春丽,等. 2007. 南岭地区大规模钨锡多金属成矿作用:成矿时限及地球动力学背景[J]. 岩石学报, 23(10): 2329-2338.

[107] 毛景文,谢桂青,郭春丽,等. 2008. 华南地区中生代主要金属矿床时空分布规律和成矿环境[J]. 高校地质学报, 14(4): 510-526.

[108] 毛景文,谢桂青,李晓峰,等. 2004. 华南地区中生代大规模成矿作用与岩石圈多阶段伸展[J]. 地学前缘, 11(1): 45-55.

[109] 毛景文,杨宗喜,谢桂青,等. 2019. 关键矿产—国际动向与思考[J]. 矿床地质, 38(4): 689-698.

[110] 盛继福,陈郑辉,刘丽君,等. 2015. 中国钨矿成矿规律概要[J]. 地质学报, 89(6): 1038-1050.

[111] 束正祥,张德贤,鲁安怀,等. 2015. 湘东北幕阜山岩体地质地球化学特征及其找矿指示意义[J]. 矿物学报, 35(S1): 240.

[112] 宋焕斌. 1988. 老君山含锡花岗岩的特征及其成因[J]. 矿产与地质, 2(3): 45-53.

[113] 宋生琼,胡瑞忠,毕献武,等. 2011. 赣南崇义淘锡坑钨矿床氢、氧、硫同位素地球化学研究[J]. 矿床地质, 30(1): 1-10.

[114] 苏慧敏,蒋少涌. 2017. 赣南和赣北-皖南钨成矿带含钨花岗岩及其成矿作用特征对比研究[J]. 中国科学:地球科学, 47(11): 1292-1308.

[115] 唐朝永,陈云华,游先军,等. 2013. 湖南虎形山钨铍多金属矿床地质特征及成岩初探[J]. 矿产与地质, 27(5): 353-362.

[116] 王登红,陈郑辉,黄国成,等. 2012. 华南"南坞北扩"、"东钨西扩"及其找矿方向探讨[J]. 大地构造成矿学, 36(3): 322-329.

[117] 王登红,唐菊兴,应立娟,等. 2010. "五层楼+地下室"找矿模型的实用性及其对深部找矿的意义[J]. 吉林大学学报(地球科学版), 40(4): 733-738.

[118] 王登红,王成辉,邢树文. 2014. 中国矿产地质志·矿产地名录卷[M]. 北京:地质出版社, 1-716.

[119] 王登红. 2019. 关键矿产的研究意义、矿种厘定、资源属性、找矿进展、存在问题及主攻方向[J]. 地质学报, 93(6): 1189-1209.

[120] 王开朗,游先军,张强录,等. 2013. 湖南省临湘市虎形山地区钔锶同位素年代学研究[J]. 矿产与地质, 27(2): 151 157.

[121] 王连训,马昌前,张金阳,等. 2008. 湘东北早白垩世桃花山—小墨山花岗岩体岩石地球化学特征及成因[J]. 高校地质学报, 14(3): 334-349.

[122] 王新宇. 2017. 广西云开地区燕山晚期岩浆活动与钨成矿作用[D]. 中国地质大学.

[123] 王旭东,倪培,蒋少涌,等. 2009. 江西漂塘钨矿成矿流体来源的 He 和 Ar 同位素证据[J]. 科学通报, 54(21): 3338-3344.

[124]魏文凤,胡瑞忠,彭建堂,等.2011.赣南西华山钨矿床的流体混合作用:基于H、O同位素模拟分析[J].地球化学,40(1):45-55.

[125]伍宗华,金仰芬.1993.元素分带及其在地质找矿中应用的几个问题[J].物探与化探,17(1):7-13.

[126]徐克勤,程海.1987.中国钨矿形成的大地构造背景[J].地质找矿论丛,2(3):1-7.

[127]徐克勤,孙鼐,王德滋,等.1984.华南花岗岩成因与成矿.南京国际学术讨论会论文集,花岗岩地质和成矿关系[M].南京:江苏科技出版社.

[128]许德如,贺转利,李鹏春,等.2006.湘东北地区晚燕山期细碧质玄武岩的发现及地质意义[J].地质科学,41(2):311-332.

[129]许建祥,曾载淋,王登红,等.2008.赣南钨矿新类型及"五层楼+地下室"找矿模型[J].地质学报,82(7):880-887.

[130]晏月平,游先军,刘利生,等.2013.临湘多金属成矿区重力异常及地质成因[J].物探与化探,37(1):47-52.

[131]杨梧.2015.湖南虎形山地区钨多金属成矿规律[J].现代矿业,31(12):80-83.

[132]叶松青,李守义.2011.矿产勘查学(第三版)[M].北京:地质出版社.

[133]叶天竺,吕志成,庞振山,等.2014.勘查区找矿预测理论与方法(总论)[M].北京:地质出版社.

[134]叶帷洪,王崇蔽.1983.钨—资源、冶金、性质和应用[M].北京:冶金工业出版社,178.

[135]翟裕生,邓军,彭润民.1999.中国区域成矿若干问题探讨[J].矿床地质,18(4):323-332

[136]张明玉,丰成友,李大新,等.2016.赣北大湖塘地区昆山W-Mo-Cu矿床侵入岩锆石U-Pb、辉钼矿Re-Os年代学及地质意义.大地构造与成矿学,40(3):503-516.

[137]张强录,柳智,王开朗,等.2017.湘东北虎形山钨铍多金属矿的控矿规律及找矿方向[J].矿产与地质,31(2):290-294.

[138]张强录,游先军,刘利生,等.2012.湘东北虎形山钨铍矿主要赋矿层位的重新划分与成矿物质来源的探讨[J].矿产与地质,26(5):371-375.

[139]赵鹏大.2001.矿产勘查理论与方法[M].武汉:中国地质大学出版社.

[140]周洁.2013.江南造山带东段含钨花岗岩成因研究[D].南京大学.

[141]祝新友,王艳丽,程细音,等.2015.湖南瑶岗仙石英脉型钨矿床成矿系统[J].矿床地质,34(5):874-894.

[142]左全狮,张中山,周欣.2015.江西大湖塘矿田地质特征、控矿因素及找矿前景分析[J].矿产勘查,6(1):25-32.